VARIATIONS ET DÉTERMINATION

DES

TEMPS DE POSE

EN PHOTOGRAPHIE

MANUEL ÉLÉMENTAIRE DE POSOCHRONOGRAPHIE

PAR

GEORGES BRUNEL

PROFESSEUR DE PHYSIQUE A L'INSTITUT RADIOGRAPHIQUE DE FRANCE
DIRECTEUR DES *Nouvelles Scientifiques et Photographiques*,
ET DE L'*Encyclopédie de l'Amateur Photographe*

PARIS

CHARLES MENDEL, ÉDITEUR

118 ET 118 *bis*, RUE D'ASSAS

—

1897

VARIATIONS ET DÉTERMINATION

DES

TEMPS DE POSE

EN PHOTOGRAPHIE

CHAPITRE I

LE TEMPS DE POSE. — SA DÉFINITION
SES ÉLÉMENTS

DIFFÉRENTS FACTEURS SUSCEPTIBLES
DE LE MODIFIER

La mise au point a été faite soigneusement, le châssis négatif est en place. Soudain, au moment d'ôter le bouchon d'objectif ou de presser la poire de l'obturateur, une question terrible se présente à l'esprit du photographe : Combien faut-il poser de temps ? Voilà, par exemple, une question qui ne peut se résoudre *ab abrupto*.

Pourtant en elle-même cette opération paraît simple. Qu'est-ce que la pose ? C'est découvrir l'objectif pour permettre aux rayons lumineux de frapper la surface sensible exposée, et ce, pendant le

1

temps nécessaire pour obtenir sur cette surface une image latente complète.

C'est justement le *temps nécessaire* qu'il s'agit de déterminer, et c'est le but de ce manuel de *posochronographie* [1].

Si l'on voulait procéder mathématiquement, il faudrait se livrer à une série de calculs qui feraient bientôt de la photographie une science mathématique. Comme, par sa nature, elle demande à être rapide, dans l'étude raisonnée que nous allons faire des différents facteurs susceptibles de modifier le temps de pose, nous n'examinerons que les questions véritablement nécessaires, en accompagnant l'exposé et les méthodes de calculs, de tableaux tout dressés, afin d'éviter à nos lecteurs les ennuis des formules et des calculs, quelquefois compliqués. Nous dressons toutefois le tableau de tous les facteurs, afin qu'on se fasse une idée de ces divers éléments.

---

[1] Du grec ποσος, combien ; χρονος, temps ; γραφειν, écrire.

Tableau synoptique des différents facteurs servant à déterminer le temps de pose

1° ÉLÉMENTS NATURELS OU PHYSIQUES

ÉTAT DE LA LUMIÈRE			ÉTAT DU SUJET	
LUMIÈRE DU JOUR		LUMIÈRE ARTIFICIELLE		
Extérieure	Intérieure	Intérieure	SON ÉCLAIREMENT	SA POSITION
Heure.	Dimension de l'ouverture éclairante.	Grandeur de la pièce.	La couleur.	Immobile.
Jour.	Distance de l'ouverture au sujet.	Teinte des murs.	De face.	En mouvement.
Mois.	Nature du vitrage.	Dimension du pouvoir éclairant.	De profil.	Sens du mouvement.
Etat du ciel.	Température de la pièce.		Distance à l'appareil.	
Latitude du lieu.	Teinte des murs, de l'ameublement.			
Altitude.				
Température.				

2° ÉLÉMENTS OPTIQUES

DIAPHRAGME	LONGUEUR FOCALE	LENTILLES
Variations de son ouverture.	Sujet approché.	Forme.
	Sujet éloigné.	Nombre.
	Élément de l'objectif.	Nature des verres.

3° ÉLÉMENTS CHIMIQUES

NATURE DE LA SURFACE SENSIBLE	ÉNERGIE DU RÉVÉLATEUR
Rapidité.	Composition.
Orthochromatisme.	Durée d'action.
Luminosité.	Température.
Persistance de l'image latente.	

CHAPITRE II

ELÉMENTS NATURELS OU PHYSIQUES

§ 1. — Lumière du jour a l'intérieur

Le premier élément à considérer est la *lumière*, c'est l'agent indispensable. On sait que la lumière est un facteur capricieux, qu'il change constamment selon le lieu, la saison, l'heure, le mois, l'état du ciel. Il s'agit donc de déterminer exactement pour un instant considéré quel est le coefficient qu'il s'agit d'appliquer.

L'intensité lumineuse varie suivant la hauteur du soleil sur l'horizon. Il s'agit donc de prendre la hauteur du soleil, pour chaque jour, pour chaque heure, de déterminer le coefficient d'éclairage et d'activité chimique.

En effet, si nous considérons la figure 1, le plan ABCD représentant l'horizon de Paris, les heures indiquées figurant les ascensions droites ; la ligne OZ, la verticale passant par le zénith ; la courbe ZC, la forme surbaissée apparente du ciel (le méridien de Paris) ; et O, l'observateur ; nous voyons que, pour

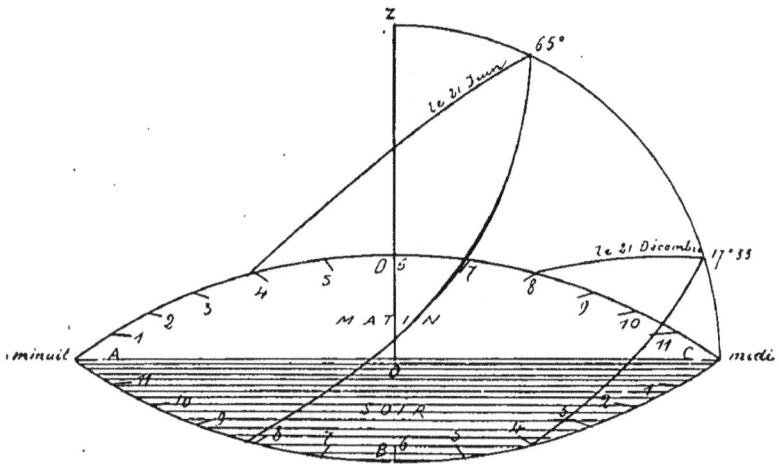

Fig. 1. — Hauteur du soleil.

le 21 juin, le soleil se lève à 3 h. 58 m. du matin, passe au méridien à midi à une hauteur de 64° 37′, se couche à 8 h. 5 m. du soir, tandis que, le 21 décembre, le soleil se lève à 7 h. 53 m., et se couche à 4 h. 4 m., en passant à midi seulement à une hauteur de 17°,33. Il semble donc évident, en théorie, que le soleil aura le même pouvoir, quel que soit le jour de l'année, chaque fois qu'il atteindra la même hauteur sur l'horizon. Ainsi, le 21 décembre, à midi, et le 21 juin, à 6 h. 50 m. du soir, la hauteur est la même, donc le coefficient de pose pour ces deux dates devra être le même. En réalité, il y a une légère différence à cause des brouillards atmosphériques qui existent au lever et au coucher du soleil. L'action lumineuse et l'action actinique sont différentes.

En prenant pour *unité de pose* la hauteur du soleil à Paris le 21 juin[1], nous avons dressé le tableau A pour toutes les hauteurs sur l'horizon, et nous avons calculé l'intensité absolue : d'après la projection sur la tangente, d'après Bouguer, d'après l'épaisseur des couches d'air traversées, d'après la réfraction, d'après les sinus, afin d'obtenir la moyenne des coefficients. De cette moyenne, nous avons établi les coefficients définitifs pour tous les *jours de l'année et pour les heures seulement où il est utile de poser*, laissant de côté,

[1] La hauteur du soleil à midi, au-dessus d'un lieu quelconque est obtenue très facilement. On prend le complément de la latitude du lieu considéré et on ajoute ou on soustrait la déclinaison du soleil suivant qu'elle est boréale ou australe. *Exemple:* le 21 juin à Paris, la déclinaison boréale du soleil est de 23° 27′, la latitude de Paris est de 48° 50′.

Donc :

$$90° - 48° 50' = 41° 10' \text{ et } 41° 10' + 23° 27' = 64° 37'.$$

avec intention, des coefficients extraordinaires, inapplicables dans la pratique.

Du tableau A, nous avons dressé le tableau B, qui contient les coefficients de pose, suivant l'état du ciel :

La colonne A étant calculée pour des sujets éclairés par le soleil ;

La colonne B étant calculée pour des sujets éclairés à la lumière diffuse, c'est-à-dire à l'ombre en plein air, par temps absolument pur ;

La colonne C étant calculée pour un ciel ayant de légers nuages (cirrus, stratus ou cumulus à l'horizon) ;

La colonne D étant calculée pour un ciel uniformément couvert, ou étant parcourue par des cumulus ou des nimbus très épais [1].

Enfin, le tableau B nous a permis de faire le tableau C, des coefficients, pour tous les jours de l'année, suivant les heures.

On remarquera que, contrairement à l'usage, nous avons laissé de côté la classification arbitraire des mois en 1, 15, etc., attendu que, le 21 juin, le

---

[1] Bien entendu, entre ces chiffres extrêmes, 6 et 10, le lecteur pourra mettre un tempérament, s'il le juge nécessaire ; 10, pour nous, représentant le ciel très couvert, toutefois sans brouillard.

Tableau A. — Tableau représentant les différentes valeurs étudiées

POUR DÉTERMINER LE COEFFICIENT MOYEN DE L'INTENSITÉ SOLAIRE SUIVANT LA HAUTEUR SUR L'HORIZON

HAUTEUR du SOLEIL	INTENSITÉ LUMINEUSE d'après G. Brunel		INTENSITÉ LUMINEUSE d'après Bouguer		ÉPAISSEUR DES COUCHES D'AIR traversées		RÉFRACTION		SINUS		MOYENNE DES COEFFICIENTS	MOYENNE RECTIFIÉE Définitive
	Relative	Coefficient	Relative	Coefficient	Relative	Coefficient	Relative	Coefficient	Parties logarithmiques	Coefficient		
65°	100	1	80	1	1,05	1	0' 26"	1	9573	1	1	1
60°	77,3	1,3	79	1,01	1,10	1,05	0 33	1,34	9375	1,01	1,14	1
55°	64	1,5	77	1,04	1,20	1,14	0 41	1,54	9133	1,04	1,25	1,1
50°	52,3	1,9	76	1,05	1,30	1,15	0 48	1,84	8842	1,09	1,41	1,2
45°	45,3	2,4	74	1,08	1,40	1,20	0 58	2,23	8494	1,13	1,61	1,3
40°	37,8	2,6	72	1,10	1,65	1,33	1 9	2,61	8080	1,18	1,76	1,5
35°	31,3	3	69	1,14	1,80	1,40	1 23	3,15	7585	1,26	1,99	1,8
30°	26,1	3,8	66	1,18	2	1,90	1 40	3,85	6989	1,39	2,40	2,3
25°	21	4,8	62	1,23	2,97	2,45	2,4	4,77	6259	1,53	2,96	3
20°	15,7	6,1	54	1,33	2,93	2,50	2 38	6,08	5340	1,80	3,60	3,6
15°	11,6	8,6	42	1,48	3,81	3,40	3 34	8,23	4130	2,32	4,80	5
13°	10	10	39	2	4,20	4	4 7	9,47	3520	2,72	5,64	6
10°	7	15	31	2,6	5,70	5,25	5 20	12,30	2396	3,60	7,75	8

Tableau B.— Coefficients de pose suivant la hauteur du soleil
sur l'horizon

Le 21 juin, à midi, à Paris : ◑ du soleil = 65°.
Unité de pose = 1.

HAUTEUR DU SOLEIL sur l'horizon	PLEIN SOLEIL SUJET ÉCLAIRÉ A	LUMIÈRE DIFFUSE ciel sans nuages B	LUMIÈRE DIFFUSE ciel légèrement couvert C	LUMIÈRE DIFFUSE ciel couvert, sombre D
90°	0,6	2	4	6
80°	0,8	3	5	8
65°	1	4	6	10
60°	1	4	6	10
55°	1,1	4	6	11
50°	1,2	5	7	12
45°	1,3	5	8	13
42°	1,4	6	8	14
40°	1,5	6	9	15
38°	1,6	6	10	16
35°	1,8	7	11	18
33°	2	8	12	20
28°	2,5	10	15	25
24°	3	12	18	30
21°	3,5	14	21	35
17° 30′	4	16	24	40
15°	5	20	30	50
13°	6	24	50	100
11°	7	28	60	150
10°	8	40	80	200
9°	10	50	100	300
8°	14	80	120	400
7°	20	100	200	600

Tableau C. — Coeficients pour les différents mois de l'année, pour chaque heure[1]

Soleil à midi, le 21 juin = 1.

MOIS	MOIS	Heures	5 / 7	6 / 6	7 / 5	8 / 4	9 / 3	10 / 2	11 / 1	Midi
21 juin	21 juin	Matin / Soir	4,3	2	1,3	1,1	1	1	1	1
27 juillet	15 mai		8	3	1,6	1,2	1,1	1,1	1	1
14 août	27 avril		»	4	2	1,5	1,2	1,2	1,1	1,1
29 —	17 —		»	7	3	1,8	1,4	1,3	1,2	1,2
12 septembre	30 mars		»	»	4	2,5	1,7	1,4	1,3	1,3
25 —	17 —		»	»	6	3	2,2	1,8	1,6	1,5
8 octobre	4 —		»	»	10	4	2,5	2,5	1,8	1,8
21 —	19 février		»	»	»	6	3,5	3	2,5	2,5
5 novembre	4 —		»	»	»	20	5	3,5	3	3
28 —	15 janvier		»	»	»	»	7	5	4	4
21 décembre	21 décembre		»	»	»	»	14	6	5	4,3

[1] Nous ne donnons que les heures utiles, où l'on peut obtenir de bons résultats :

Pour un temps clair sans soleil (lumière diffuse) ... × 4
Pour un temps légèrement couvert — ..... × 6
Pour un temps couvert, gris...... — ..... × 10

soleil étant le plus haut et, le 21 décembre, le plus bas, nous sommes partis de ces points extrêmes pour calculer tous nos coefficients.

Partant, comme date de départ, du 21 juin, on lira, jusqu'en décembre, les mois en descendant la première colonne, et du 21 décembre en remontant pour la seconde colonne, en prenant la date la plus rapprochée. Pour les heures où les coefficients sont absents, *il est inutile de poser*.

EXEMPLE. — *Quel sera le coefficient du temps de pose pour Paris le 25 octobre, à 4 heures du soir, par un temps clair sans soleil?*

Nous cherchons dans les mois : la date 21 octobre est la plus rapprochée ; nous suivons la ligne horizontale jusqu'à 4 heures du soir, nous trouvons le chiffre 6 qui est le coefficient pour un plein soleil. Comme le temps est clair, nous multiplions par 4, et nous avons le nombre 24, qui est le coefficient extérieur, que nous désignerons par la lettre E.

Disons, une fois pour toutes, que ce coefficient n'indique pas *la durée du temps de pose ;* il indique simplement que l'unité de pose de l'appareil (U), doit être multiplié par cette donnée pour avoir la durée en fraction d'heure pour l'instant considéré.

Dans l'exemple que nous avons choisi, si l'unité de notre appareil était représentée par $0^s,02$, soit 2 centièmes de seconde, le temps exact de pose pour l'*extérieur* sera le résultat de l'opération $0,02 \times 24$, soit 48 centièmes de seconde, abstraction faite des autres facteurs.

Soit :

Temps de pose extérieur $=$ Coefficient de l'appareil $\times$ Coefficient de l'extérieur

ce que nous écrivons :

$$T = UE.$$

Nos lecteurs auront sans doute rarement à appliquer la différence d'altitude, et, du reste, les données certaines manquent pour la calculer exactement. On a constaté seulement qu'à mesure qu'on s'élève dans l'air, l'atmosphère devient plus transparente, à cause de sa plus grande pureté. De 1.800 à 2.500 mètres, le coefficient E peut être réduit de moitié. Enfin, pour la température, c'est vers 12° que l'action calorifique paraît produire le plus d'effet sur les plaques.

§ 2. — Les appareils de mesure
du coefficient E

Le nombre des instruments *actinométriques* est, du reste, restreint et, lorsqu'on cite ceux de Bunsen, Roscoé, Monckhoven, Warnecke[1], Vidal, Rale, Decoudun et Brunel, on est arrivé à la fin.

Le photomètre Rale est destiné au tirage des épreuves positives. Une épreuve ayant été tirée juste, cet instrument permet d'obtenir, à l'intensité désirable, les autres épreuves, sans être obligé de les surveiller constamment.

Le chronopose de G. Brunel, pratique et très portatif, est fort exact. Il se compose d'un cadran divisé de 15 *en* 15 *minutes* pour tous les jours de l'année, et il donne le temps de pose, exprimé en secondes ou en minutes, quels que soient le sujet, son éclairement, l'état du ciel, la série du diaphragme employé [2].

Les photomètres Decoudun, qui comportent trois modèles, donnent l'indication du temps de

---

[1] Voir page 76.

[2] Le chronopose est en vente chez Charles Mendel et chez tous les fournisseurs de produits photographiques.

pose. Celui pour l'*instantané* s'emploie comme
suit : on vise le sujet et on fait coulisser le tube
rentrant jusqu'à disparition du point lumineux à
l'intérieur; le chiffre correspondant au curseur
donne la valeur de la lumière réfléchie par le sujet.
On agit alors suivant les indications fournies par
l'appareil. Le modèle *mixte* donne les mêmes résultats que le précédent, mais sa graduation est
plus allongée et donne les indications pour l'ins-

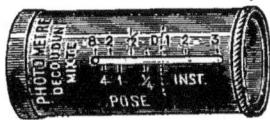

Fig. 2. — Photomètre instantané.   Fig. 3. — Loupe photométrique.

tantané de la pose. Enfin, le troisième, la *loupe
photométrique*, est destiné aux appareils montés
sur pied et ayant un verre dépoli. Cette loupe
contient à l'intérieur un photomètre; elle donne
en même temps la mise au point et le temps de
pose. On applique la loupe contre le verre dépoli,
on fait la mise au point, puis on fait tourner l'ocu-
laire jusqu'à l'apparition d'un trait lumineux : le
temps de pose se trouve indiqué sur l'extérieur du
tube, en chiffres gravés.

CHAPITRE III

LA LUMIÈRE DU JOUR A L'INTÉRIEUR

La photographie à l'intérieur des appartements offre toujours des difficultés : manque d'éclairage, de recul; teinte des meubles, des murailles; disposition de la pièce.

On peut, néanmoins, essayer d'obtenir quelques résultats, lorsque les circonstances s'y prêtent. Il faut tenir compte alors de nouveaux facteurs :

1° Dimension de l'ouverture (fenêtre ou baie) par où entre la lumière ;

2° Distance du sujet à l'ouverture ;

3° Nature du vitrage ;

4° Température de la pièce ;

5° Teinte de l'ameublement et de la tapisserie.

§ 1. — DIMENSIONS DE L'OUVERTURE

On comprend facilement que de la grandeur de
l'ouverture dépend l'admission de la lumière dans
la pièce. *Dans tous les cas, cette lumière doit être
comptée comme lumière diffuse.* Comment déterminer cette ouverture par rapport à la pièce?
D'une façon bien simple. En supposant la pièce à
peu près carrée, si la partie éclairante *occupe tout
un côté de la pièce*, nous aurons 4 [1] pour unité de
pose; si ce cas (rare surtout à Paris) ne se présente
pas, on fait le carré de la surface où sont percées
les fenêtres, on le divise par la surface totale des
fenêtres ou de la fenêtre, s'il n'y en a qu'une, et on
prend la moitié de ce résultat pour avoir la valeur
cherchée. Nous ne faisons prendre que la moitié,
à cause de la diffusion et de la dispersion de la
lumière, les parties obscures des murs rentrant à
peine pour la moitié dans l'admission de la lumière.

Prenons un exemple : *Dans un salon, deux
fenêtres mesurant* 1^m,80 *de hauteur sur* 1^m,05 *de*

---

[1] Unité de lumière diffuse (voy. p. 9).

largeur (partie vitrée) sont percées dans le mur ayant comme dimensions 4 mètres de large sur 2^m,75 de haut. Effectuons les opérations :

$$1,80 \times 1,05 \times 2 \quad \text{et} \quad 4 \times 2,75$$

soit :

$$3^{m2},78 \quad \text{et} \quad 11 \text{ mètres carrés};$$

la valeur de la partie vitrée par rapport à la surface totale des murs sera donc exprimée par la relation :

$$\frac{11^{m2}}{3^{m2},78} = 2,90.$$

Dans ce cas, le coefficient sera donc de :

$$2,90 \times 4 = \frac{11,60}{2} = 5,80.$$

Nous appellerons ce coefficient S.

§ 2. — NATURE DU VITRAGE ET TEMPÉRATURE DE LA PIÈCE

Si on opère la fenêtre ouverte, ce coefficient disparaît ; mais, le plus généralement, on procède les fenêtres fermées. On doit donc tenir compte de la nature et de la coloration des vitres pour un appartement.

Si les verres sont blancs, on tiendra compte de leur pouvoir absorbant par le chiffre 2 ; s'ils sont faiblement colorés, il faudra prendre 4 comme coefficient ; s'ils étaient colorés fortement, il faudrait renoncer à tenter d'obtenir une épreuve. Pour un atelier, il faut prendre : 1, pour un vitrage blanc ; 2, pour un vitrage légèrement coloré. Nous devons dire que, généralement, les verres ont été choisis pour l'atelier en vue de leur moins grande absorption des rayons lumineux et que, dès lors, il n'y a qu'à prendre, dans le tableau C, le coefficient de lumière diffuse pour le jour cherché.

Pour la température de la pièce, on devra se rappeler que 12° au-dessus de zéro paraissent donner le maximum de sensibilité à la plaque sensible ; au dessous, l'action est ralentie. Au-dessus de 12°, et jusqu'à 20°, l'action n'est pas beaucoup plus active ; mais au-dessus de 20° la sensibilité augmente légèrement. Cette augmentation n'est pas calculable, et comme, en somme, on n'opère pas dans un four à réverbère, il est préférable de laisser de côté ce coefficient, que nous n'avons cité que pour mémoire. Nous désignerons la nature du vitrage par *e*.

§ 3. — DISTANCE DU SUJET A L'OUVERTURE

L'intensité d'une source de lumière variant en raison inverse du carré des distances, il faudra

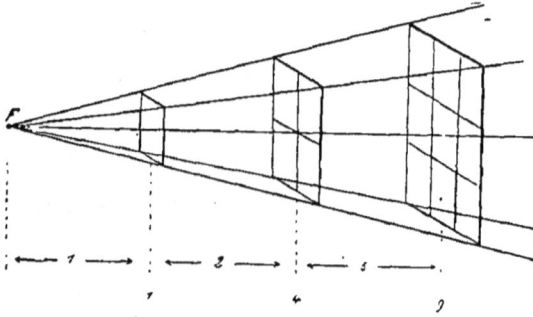

Fig. 4. — Variation de l'intensité de la lumière.

donc tenir compte, dans notre calcul, de la distance du ou des sujets à l'ouverture. On élèvera cette distance au carré, 1 mètre de distance étant considéré comme l'unité.

Soit D^2.

Comme on le voit, sur la figure 2, l'intensité

lumineuse décroît proportionnellement au carré
des distances, c'est-à-dire qu'à une distance 2
l'intensité est quatre fois moins forte; pour une
distance 3, neuf fois; etc. Sur la figure, F indique
la source lumineuse; chaque rectangle, à la distance 3, reçoit neuf fois moins de lumière que s'il
était à la distance 1, forcément puisqu'à la distance 3 la surface couverte est neuf fois plus
grande.

§ 4. — Teinte de l'ameublement

On sait que la lumière blanche est composée de
radiations colorées, que l'on aperçoit lorsqu'on
fait passer un rayon lumineux au travers d'un
prisme [1]. On obtient une bande où les nuances
se succèdent dans l'ordre suivant, de gauche à
droite : *rouge, orange, jaune, vert, bleu, indigo,
violet.* Cette bande, que l'on nomme *spectre,* est
traversée par un grand nombre de raies noires,
qui sont des raies d'absorption; chaque partie du
spectre a une activité particulière au point de vue

---

[1] Voy. *Traité élémentaire d'optique photographique,* par Georges
Brunel (Ch. Mendel, éditeur).

calorifique, chimique et lumineux ; nous ne nous occuperons ici que du pouvoir lumineux et chimique, que nous résumons dans le tableau suivant :

Tableau D. — Pouvoir lumineux et chimique du spectre solaire

RAIES du SPECTRE	POSITIONS A à P = 2.500		COULEURS	LUMINOSITÉ RELATIVE	ACTIVITÉ CHIMIQUE relative
A	1 à	70	Rouge foncé.	8	»
a	71 à	112	Rouge.	14	»
B	113 à	165	Rouge faible.	32	»
C	166 à	339	Orange.	95	1
D	340 à	420	Jaune.	640	5
	421 à	532	Jaune vert.	1.000	10
E	533 à	752	Vert.	480	20
F	753 à 1.150		Bleu.	170	125
G	1.151 à 1.320		Indigo.	30	560
	1.321 à 1.508		Violet bleu.	20	900
H	1.509 à 1.713		Violet.	6	700
L	1.714 à 1.872		Ultra-violet.	2	400
M	1.873 à 2.124		»	»	250
N	2.125 à 2.277		»	»	125
O	2.278 à 2.500		»	»	40
P	2.500		»	»	5

Il s'ensuit que la couleur des meubles, de la tenture, des vêtements, des personnes, des sujets, des objets, joue un rôle assez important dans la durée de pose.

Si on suppose que le blanc donne *un* pour coefficient de pose, on peut dresser le tableau ci-dessous, qui donne les coefficients pour les teintes, coefficient que nous désignerons par *c*.

Tableau E. — Coefficients (pour l'Intérieur) de la teinte de l'ameublement, des tentures et du sujet

NUANCES	DÉSIGNATION VULGAIRE	EFFETS PRODUITS		Coefficients de pose (c)
		SUR LE NÉGATIF	SUR LE POSITIF	
Blanc.	Blanc.	Noir pur.	Blanc pur.	1
Bleu clair.	Bleu céleste.	Gris foncé.	Gris pâle.	2
Bleu foncé.	Bleu de France.	Gris foncé.	Gris accentué.	6
Gris clair.	Gris clair.	Gris pâle.	Gris sombre.	10
Gris bleuté.	Gris bleuté.	Gris foncé.	Gris clair.	3
Gris foncé.	Gris cendre.	Gris pâle.	Gris très foncé.	18
Jaune clair.	Jaune paille.	Gris.	Gris.	7
Jaune foncé.	Bouton d'or.	Gris pâle.	Gris très foncé.	16
Vert clair.	Vert pomme.	Gris foncé.	Gris clair.	4
Vert moyen.	Vert bouteille.	Gris.	Gris.	8
Vert foncé.	Vert lierre.	Gris clair.	Gris foncé.	16
Bistre.	Ocre jaune.	Gris.	Gris.	8
Brun.	Café au lait.	Gris clair.	Gris sombre.	15
Rose vif.	Rose vif.	Gris.	Gris.	11
Rouge vif.	Vermillon.	Blanc.	Noir.	22
Rouge foncé.	Cerise foncé.	Blanc.	Noir.	20
Orange.	Orange vif.	Blanc.	Noir.	20
Mauve.	Lilas.	Gris foncé.	Gris très pâle.	2
Violet.	Pensée.	Blanc.	Noir.	22
Noir.	Noir de fumée.	Blanc pur.	Noir pur.	25

C'est à la suite de nombreux essais que nous avons pu avec discernement dresser ce tableau.

Il est fait pour des couleurs franches; nous avons cru devoir donner, à côté du nom technique de la nuance, sa désignation vulgaire, rien n'étant plus difficile à fixer dans l'esprit qu'un *ton* bien défini.

Pour résumer ce chapitre, le coefficient de l'intérieur (I) dépend donc des facteurs :

E (extérieur) ;

D^2 (carré de la distance du sujet à la surface éclairante) ;

c (couleur de l'ameublement);

S (surface éclairante) ;

e (nature des vitres ou du vitrage).

Soit:

$$I = ED^2 ecS$$

EXEMPLE. — *Combien faudra-t-il poser de temps, avec un appareil dont le pouvoir est de $0^s,05$, le 30 mai à 9 heures du matin par un ciel clair, dans un salon, tendu de tapisserie, dont la nuance dominante est le mauve clair, ayant une fenêtre en verres transparents, mesurant 2 mètres sur $1^m,10$, le mur ayant $3^m,50$ sur 3 mètres, pour photographier un sujet éloigné de $1^m,75$ de l'ouverture ?*

Posons les coefficients nécessaires au problème.:

$$
\begin{aligned}
E &= 1,1 \times 4 = 4,4 \\
e &= 2 \\
D^2 &= 1,75^2 = 3 \\
c &= 2 \\
S &= 2,37 \\
U \text{ (Unité de pose de l'appareil)} &= 0,05 \\
I = 4,4 \times 2 \times 3 \times 2 \times 2,37 &= 125,13.
\end{aligned}
$$

Soit le coefficient 125,13.

Donc le temps de pose :

$$ t = I \times U. $$

Soit :

$$ t = 125,13 \times 0,05 = 6 \text{ secondes}, 25. $$

CHAPITRE IV

LUMIÈRE ARTIFICIELLE

Dans tous les endroits où la lumière fait complètement défaut, on peut employer avantageusement la lumière de magnésium, et nous recommandons le magnésium en poudre.

Il est même préférable, dans les intérieurs (appartements) où une large baie n'existe pas (à l'instar des ateliers de photographie), de ne photographier les personnes que le soir à l'aide de la lumière artificielle. Si les épreuves sont un peu dures, elles ont, du moins, le mérite de donner tous les détails.

Quelle est la relation de puissance des lumières artificielles avec la lumière du soleil ? Nous les donnons ci-dessous :

Coefficients des lumières artificielles

Soleil à midi, le 21 juin = 1.

Éclair d'une lampe au magnésium pur en poudre, brûlant 1 gramme..........	3
Ruban de magnésium de 3 millimètres de large.............................	14
Lampe électrique à arc................	35
Lumière oxyhydrique.................	50
Gaz, bec papillon	1.000
Lampe à incandescence (24 volts).......	1.600
Lampe à huile ou au pétrole, mèche ronde de 10 lignes..................	2.300
Bougie de l'Étoile (stéarine)............	18.000
Chandelle...........................	26.000

C'est-à-dire que 3 lampes au magnésium brûlant ensemble donnent l'équivalent de la lumière du soleil le 21 juin, à midi. On voit que, pour atteindre ce résultat, il faudrait 18.000 bougies et 26.000 chandelles. Notons que cette dernière supposition est purement hypothétique, car le volume occupé par ces bougies et ces chandelles serait suffisamment considérable pour que la lumière donnée ne répondît plus à la valeur assignée. Les chiffres du tableau ne sont donnés que pour représenter la différence d'intensité.

On peut se servir de la lumière d'une lampe au magnésium brûlant un gramme par un seul foyer, lorsque les dimensions des pièces ou des salles ne dépassent pas 240 mètres cubes, ce qui représente une salle de 10 mètres de long. 6 mètres de large et 4 mètres de haut. Au-delà de ces dimensions, il faudra une lampe à plusieurs brûleurs, ou plusieurs lampes brûlant simultanément.

La lumière artificielle sert avantageusement pour les portraits (le fond et le vêtement du sujet doivent être clairs), pour les reproductions, pour les grottes, les caves, les intérieurs d'église.

CHAPITRE V

ÉCLAIREMENT DU SUJET

———

§ 1. — Nature du sujet

Chaque couleur agissant différemment sur la surface sensible, il s'ensuit qu'on doit tenir compte des nuances du sujet à reproduire. C'est là une des plus grosses difficultés de la photographie, car les nuances se présentent dans la nature, rarement simples.

On peut, toutefois, résumer l'action générale des couleurs sur la surface sensible de la manière suivante :

Le *blanc* agit complètement sur la surface sensible ;

Les *bleu pâle*, *gris clair*, *lilas clair*, ont peu de différence avec le blanc ;

Le *mauve* agit fortement sur la surface sensible ;

Le *bleu foncé* impressionne un peu ;

Le *vert foncé* vient difficilement ;

Le *jaune* a une action peu active ;

L'*orange*, le *rouge foncé*, le *violet foncé*, ont une action presque nulle ;

Le *noir* n'impressionne pas.

Si nous photographions un bouquet de fleurs, celles jaunes seront représentées par des *blancs gris* sur le négatif, et par des gris sur la photocopie ; celles violettes donneront des *gris* plus ou moins foncés ; celles rouges formeront des *blancs* sur le négatif, et des noirs sur des images positives ; enfin, les verts, suivant leur degré, donneront des *gris* ou des *noirs*.

Ainsi donc, certaines nuances que nos yeux *voient* claires sont sombres pour la plaque sensible. C'est là le côté inexact de la photographie. On peut se servir de plaques *isochromatiques* ou *orthochromatiques*, qui sont sensibles à une ou plusieurs nuances, afin d'atténuer ces contrastes qui frappent vivement l'imagination des personnes non initiées aux sciences ; mais il est nécessaire alors d'augmenter le temps de pose.

Non seulement certaines teintes impressionnent

très peu la surface, mais encore elles l'impressionnent lentement, de là une modification du
temps de pose suivant lesc ouleurs du sujet (Voy.
p. 22).

Supposons que nous ayons, comme sujet, une
maison couverte en tuiles et un bouquet touffu
d'arbres. Comme il y a beaucoup de vert, si on
désire avoir des détails dans le feuillage, il faudra
exagérer la pose ; d'un autre côté, si on pose longtemps, les tuiles de la maison viendront mieux
aussi, mais la maison, qui est blanche, aura trop
de pose. Que faire? Il faut sacrifier une partie du
sujet. Si on désire avoir simplement une reproduction de la maison, on pose peu, et le feuillage
viendra plus ou moins bien. Si on veut le bouquet
d'arbres, on posera un peu plus ; la maison sera
sacrifiée. Enfin, on peut prendre le juste milieu :
avoir quelques détails dans le vert, et pas trop
d'excès de pose pour la maison.

Lorsqu'on a un tableau à reproduire, et qu'il y
a des teintes difficiles à venir, il faut exagérer la
pose, afin de ne pas négliger les détails ; de même,
si on photographie une gravure jaunie par le
temps, on pose un peu plus que pour une gravure
sur fond blanc.

Tableau F. — Coefficients des temps de pose suivant la nature des sujets

Soleil à midi, le 21 juin = 1.

SUJETS A PHOTOGRAPHIER	COEFFICIENTS
Panorama avec verdure..........................	1
Glaciers, neiges, vues marines...................	1
Premiers plans, peu de verdures.....'...........	1
Premiers plans, habitations claires...............	1
Panoramas avec verdures.......................	2
Premiers plans avec habitations sombres..........	2
Premiers plans avec verdures épaisses...........	3
Bords de rivière..............................	3
Rideaux d'arbres..............................	4
Vues avec différents plans accentués.............	4
Détails d'architecture, reproductions, gravures, cartes, plans.................................	4
Monuments sombres...........................	4
Groupes et portraits en plein air (à la lumière diffuse).......................................	6
Rivières, mares ombragées......................	6
Groupes sous abri.............................	10
Dessous de bois clairs..........................	6
Dessous de bois peu touffus....................	10
Ravins, excavations...........................	10
Reproductions en plein air de photographies......	10
Sujets et portraits dans intérieurs éclairés........	10
Jusqu'à 1 mètre d'une fenêtre (lumière diffuse).....	30

Pour le portrait, on peut négliger, jusqu'à un certain point, les couleurs des costumes, car la partie essentielle à prendre est la tête. Toutefois, il faudra faire attention au cas qui peut se présenter: si la teinte du vêtement fortement éclairé se reflète sur le visage, il faudra, dans ce cas, prolonger légèrement la pose, mais il est évident que le portrait ainsi obtenu aura besoin d'une retouche soignée.

Enfin, disons qu'il est plus facile d'obtenir des portraits de profil et de trois quarts que de face. De face la pose doit être augmentée au moins de la moitié du coefficient.

§ 2. — Distance du sujet a l'appareil

Dans le chapitre suivant, nous verrons que la longueur focale augmente à mesure que le sujet se rapproche; il en résulte donc que la pose doit être plus longue pour un sujet rapproché. Lorsqu'il est nécessaire d'avoir sur la plaque l'image de plusieurs objets situés à des plans différents, on diaphragme fortement, et alors le numéro du diaphragme indique le temps de pose, toutes choses étant égales d'ailleurs (Voyez p. 66).

Les objets éloignés pa-
raissent plus brillants sur
la plaque, et cela semblerait
en contradiction avec ce que
l'œil observe ; mais, en réflé-
chissant un peu, on conçoit
que le faisceau lumineux
émané d'un objet lointain
traverse les lentilles sans
subir une grande réfraction ;
tandis que, pour les objets
rapprochés, le phénomène
contraire se produit (*fig.* 5).
Il est donc nécessaire de
poser plus pour les objets
rapprochés que pour les
objets éloignés.

Comme la longueur focale
augmente pour les objets
rapprochés et que l'intensité lumineuse diminue suivant le carré des distances,
on devra prolonger la pose
dans une certaine propor-
tion.

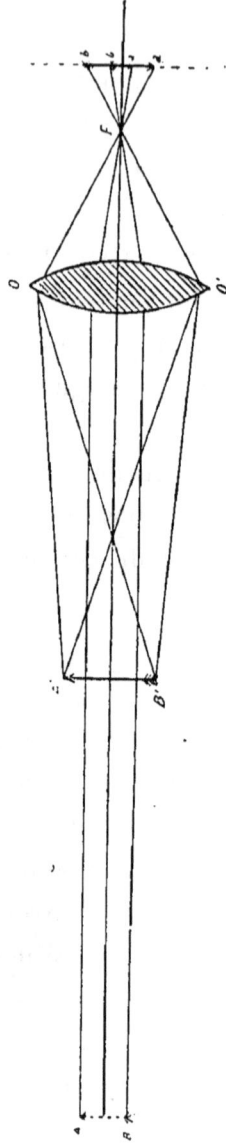

FIG. 5. — Luminosité de l'image suivant la distance.

La formule suivante :

$$T = \frac{p^2}{p - f^2} = \left(\frac{p}{p - f}\right)^2$$

dans laquelle p représente la distance du sujet à l'appareil, et f la distance focale, nous permettra de calculer les coefficients de pose suivant la longueur focale. Effectivement, ce rapport désigne le quotient de la distance du sujet à la lentille (élevée au carré), divisée par cette même distance moins la longueur focale (élevée également au carré).

. Le tableau G suivant contient ces coefficients calculés pour des longueurs focales, depuis 10 jusqu'à 60 centimètres et des distances de 15 à 900 centimètres, ce qui répond à tous les besoins de la pratique.

Tableau G. — Coefficients de pose selon la longueur focale, résultant de la distance du sujet

DISTANCE, EN CENTIMÈTRES, DU SUJET A L'OBJECTIF

Longueurs focales principales en centimètres	15	20	30	40	50	75	100	125	150	200	250	300	400	450	500	600	700	800	900
10	9	4	2,2	1,8	1,6	1,3	1,2	1,2	1,1	1,1	1,1	1,1	1	1,1	1,1	1	1	1	1
12	25	6	2,8	2,1	1,7	1,4	1,3	1,2	1,2	1,1	1,1	1,1	1,1	1,1	1,2	1	1	1	1
14		11	3,5	2,4	1,9	1,5	1,3	1,3	1,2	1,1	1,1	1,1	1,1	1,1	1,1	1	1	1	1
16		25	4,6	2,8	2,2	1,6	1,4	1,4	1,2	1,2	1,2	1,1	1,1	1,1	1,1	1,1	1,1	1	1
18		100	6	3,3	2,4	1,7	1,5	1,4	1,3	1,2	1,2	1,1	1,1	1,1	1,1	1,1	1,1	1,1	1
20			9	4	2,8	1,9	1,6	1,4	1,3	1,3	1,2	1,1	1,1	1,2	1,1	1,1	1,1	1,1	1
22			14	4,9	3,2	2	1,7	1,6	1,4	1,3	1,2	1,2	1,1	1,2	1,1	1,1	1,1	1,1	1
25			36	7	4	2,2	1,8	1,6	1,5	1,3	1,3	1,2	1,2	1,2	1,2	1,1	1,1	1,1	1,1
27			100	9,5	4,7	2,4	1,9	1,7	1,6	1,4	1,3	1,2	1,2	1,3	1,2	1,2	1,2	1,2	1,1
30				16	6,2	2,8	2	1,9	1,7	1,5	1,4	1,3	1,2	1,3	1,2	1,2	1,2	1,2	1,1
35				64	11	3,5	2,4	2,1	1,8	1,6	1,5	1,3	1,3	1,3	1,2	1,2	1,2	1,2	1,1
40					25	4,6	2,8	2,2	2	1,7	1,6	1,4	1,3	1,3	1,2	1,2	1,2	1,2	1,1
45					100	6,2	3,3	2,4	2,2	1,8	1,6	1,4	1,4	1,3	1,2	1,2	1,2	1,2	1,1
50						9	4	2,8	2,5	2	1,7	1,5							1,1
55						14	5	3,2	2,8	2		1,6							1,1
60						25	6,2	3,5											1,1

CHAPITRE VI

POSITION DU SUJET

§ 1. — IMMOBILE

Si le sujet est immobile, il n'y a qu'à considérer sa position : de face, de profil, de trois quarts, sa nature, sa couleur, son éclairage, ce que nous venons d'examiner en détail.

§ 2. — AGRANDISSEMENTS ET RÉDUCTIONS

On sait qu'un objet situé à $2f$ de la lentille donne une image de même grandeur ; il s'ensuit que, pour agrandir un objet, il faut le mettre entre $2f$ et f ; pour le réduire, au contraire, il faut le mettre à $2f$ plus un nombre proportionnel à la réduction.

Si nous voulons agrandir un objet 4 fois, nous le mettrons à $1 + \dfrac{1}{4}$ de la distance focale, ce que nous exprimons par : $I = f + \dfrac{f}{4} = f + \dfrac{f}{n}.$

Si nous voulons réduire un objet à 100 fois, nous le mettrons à $100 + 1$ de la distance focale, soit :

$$i = f + 100 = f + n.$$

A l'aide de ces formules, nous dressons le
tableau H.

**Tableau H. — Coefficients de pose pour les agrandissements
et les réductions**

AGRANDISSEMENTS Image égalant le sujet = 4			RÉDUCTION Image au-delà de $\frac{1}{100}$ = 1		
OPÉRATION	DISTANCE en fonction de la longueur focale	COEFFICIENT de pose 1	OPÉRATION	DISTANCE en fonction de la longueur focale	COEFFICIENT de pose 1
1 fois	2	4	1 fois	2	4
1 1/2	1,66	6	1 1/2	2,50	2,75
2	1,50	9	2	3	2,25
2 1/2	1,40	12	2 1/2	3,50	1,96
3	1,33	16	3	4	1,77
3 1/2	1,30	20	4	5	1,56
4	1,25	25	5	6	1,44
4 1/2	1,22	30	10	11	1,21
5	1,20	36	25	26	1,10
6	1,18	50	50	51	1,04
			100	101	1

1 Coefficient du tableau G.

§ 3. — En mouvement. — La photographie instantanée

Si le sujet est mobile, nous arrivons à l'instantanéité. Question complexe, qu'il faut examiner
attentivement.

Pour qu'une image apparaisse avec assez de
netteté sur la plaque, il ne faut pas qu'un point

de cette image se déplace de plus de $\frac{1}{10}$ de milli-

mètre en 1 seconde, ce qu'on exprime par $\frac{1}{10} = \varepsilon$.

Or ce déplacement est intimement lié :

1° A la distance p du sujet à l'appareil ;

2° A la vitesse V du sujet ;

3° A la direction φ, plus ou moins normale à l'axe optique principal (vitesse angulaire);

4° A la longueur focale f.

La vitesse angulaire atteint son maximum quand le déplacement est perpendiculaire à l'axe optique, et elle devient nulle quand le sujet se déplace parallèlement à cet axe, c'est-à-dire perpendiculairement à l'appareil; mais il est nécessaire que, dans ce cas, le sujet soit suffisamment éloigné de l'appareil, à plus de 100 fois la distance focale au minimum.

Reportons-nous à la figure 6. Un sujet parcourt la distance SS' et donne sur la plaque la trajectoire ss'. La vitesse angulaire est égale à 90° et atteint son maximum. Si le sujet se déplace pendant le même temps, de la même distance, mais dans la direction OO', l'image ne sera plus que de oo'; l'angle qu'il fait est de 45°. Enfin, s'il parcourt la distance NN' dont la direction fait un angle

de 20°, l'image
ne sera plus que
de ʀʀ'. Si la direction
était parallèle à l'axe
optique *aa'*, l'image
serait un point. On
comprend donc faci-
lement qu'il faut une
fraction de temps plus
petite pour prendre un
objet se déplaçant dans
la direction SS' que
dans la direction NN'.
La différence est don-
née par le sinus de
l'angle. On trouvera
plus loin une table
dressée pour les sinus
de 10 en 10°.
Dans la figure 6
les sinus S*t*, O*t'*,
N*t"*, égalent res-
pectivement :
1, — 0,7071, —
0,3420.

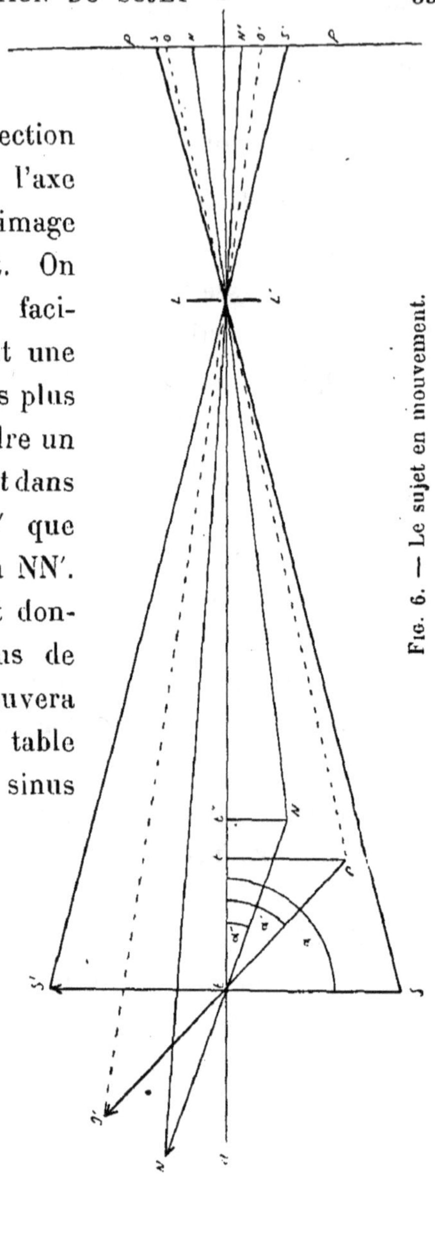

Fig. 6. — Le sujet en mouvement.

Nous savons aussi que plus la longueur focale est grande, plus le déplacement du sujet est apparent sur la plaque ; en effet, l'augmentation de la longueur focale agrandit l'image.

On calcule, en optique, qu'un objet[1] qui s'éloigne à n distances focales donne une image réduite à $n - 1$. Si un sujet s'éloigne, par exemple, à 25 fois la longueur focale, il sera réduit sur la plaque à $25 - 1$, soit au $\frac{1}{24}$ (Voy. p. 36).

Le temps de pose variant suivant les vitesses et les directions, les formules suivantes permettent de calculer ce temps très exactement :

$$T = \frac{p - f}{f V \sin \varphi} \varepsilon = \frac{0}{i} \frac{\varepsilon}{V \sin \varphi} ;$$

suivant que l'on connaît p ou le rapport $\frac{0}{i}$ de l'objet 0 à l'image i), on se servira de l'une ou l'autre formule.

A l'aide des formules précédentes nous avons dressé la table suivante, qui évite de faire les calculs et qui donne les résultats pour des vitesses jusqu'à 10 mètres par seconde et d'objets placés

[1] Voy. *Traité élémentaire d'optique photographique*, par Georges BRUNEL (Charles Mendel, éditeur).

à plus de 16F ; car, au-dessous de 16F et au-delà
de la vitesse de 10 mètres par seconde, il faut des
appareils spéciaux.

Tableau I. — Temps de pose absolu, en fractions de seconde, pour un déplacement donné

Soleil à Paris, le 21 juin = 1.

[La vitesse de $\frac{1}{200}$ de seconde ($= 0^s,005$) étant considérée comme
la plus grande vitesse pouvant être obtenue avec les obturateurs
ordinaires].

Vitesse du mouvement en mètres	DISTANCE DU SUJET EXPRIMÉE EN LONGUEURS FOCALES									
	16 F	21 F	26 F	51 F	101 F	201 F	301 F	401 F	501 F	1.001 F
m.	s.	s.	s.	s.	s.	s.	s.	s.	s.	s.
0,10	0,014	0,019	0,024	0,049	0,099	0,199	0,299	0,399	0,499	0,999
0,20	0,007	0,009	0,012	0,025	0,050	0,100	0,150	0,200	0,250	0,500
0,30	0,005	0,006	0,008	0,016	0,033	0,066	0,100	0,133	0,160	0,333
0,40		0,005	0,006	0,012	0,025	0,050	0,075	0,100	0,125	0,250
0,50			0,005	0,010	0,020	0,040	0,060	0,080	0,100	0,200
0,75				0,006	0,013	0,027	0,040	0,053	0,067	0,133
1				0,005	0,010	0,020	0,030	0,040	0,050	0,100
1,50					0,007	0,013	0,020	0,027	0,033	0,067
2					0,005	0,010	0,015	0,020	0,025	0,050
3						0,005	0,010	0,013	0,017	0 033
4							0,007	0,010	0,012	0,025
5							0,006	0,008	0,010	0,020
6							0,005	0,007	0,008	0,017
7								0,006	0,007	0,014
8							-	0,005	0,006	0,012
9								0,005	0,006	0,011
10									0,005	0,010

Tableau J. — Tableau pour calculer ϕ (vitesse angulaire)

DEGRÉS	LOGARITHME DU SINUS	NOMBRE (ϕ)	OBSERVATIONS
0	0	0	Parallèle à l'axe optique.
10	9,23967	0,1736	
20	9,53405	0,3420	
30	9,69897	0,5000	
40	9,80807	0,6428	
50	9,88425	0,7660	
60	9,93753	0,8660	
70	9,97299	0,9397	
80	9,99335	0,9848	
90	0	1,0000	Perpendiculaire à l'axe optique.

EXEMPLE. — *Un bicycliste passe à 100 mètres de l'endroit où se trouve l'appareil ; il marche dans une direction perpendiculaire à l'axe optique, à raison de 6 mètres à la seconde. Quel sera le temps de pose utile pour avoir une image nette, l'objectif ayant 25 centimètres de foyer ?*

Appliquons la formule :

$$T = \frac{p - f}{f V \sin \varphi} \varepsilon = \frac{100 - 0,25}{0,25 \times 6 \times 1} 0,0001 = 0,0066.$$

La table I nous aurait donné également ce résultat. Un objet éloigné à 100 mètres, pour un objectif de 25 centimètres, égale $401 F \left(\frac{100}{0,25} + 1 \right)$;

en descendant cette colonne jusqu'à la ligne de 6 mètres, on trouve $0^s,007$ (chiffre forcé).

C'est-à-dire 7 millièmes de seconde. Si l'on veut réfléchir que les obturateurs ordinaires ne donnent que le $\frac{1}{40}$ à $\frac{1}{60}$ de seconde, soit $0^s,025$ à $0^s,016$, et que les obturateurs donnant le $\frac{1}{200}$, soit $0^s,005$, sont des instruments déjà parfaits, on verra que la connaissance du temps de pose exact, au-dessous de ces chiffres, est inutile, les plus grandes vitesses ne pouvant être réalisées que pour des expériences particulières et avec des appareils spéciaux.

En consultant le tableau K (p. 47), on verra quelles difficultés peuvent se présenter pour obtenir des sujets ayant une grande vitesse et n'étant pas très éloignés. Il faut un obturateur donnant plusieurs vitesses et très parfait comme fonctionnement ; il faut travailler à grande ouverture, en plein soleil, avoir des surfaces très sensibles et un révélateur énergique (p. 84).

Pour compléter ce qui précède, nous résumons dans un tableau les divers degrés d'instantanéité avec la grandeur maximum des images (rapportée à un homme). On se rendra compte ainsi, d'un

seul coup d'œil, des opérations à faire et des pré-
cautions à prendre, pour obtenir un sujet en mouvement.

Nous devons terminer ce paragraphe par les
indications suivantes. Il est difficile d'apprécier à
l'œil nu la grandeur d'un sujet ou sa distance. On
aura donc recours au moyen suivant: on mesure
sur la glace dépolie la hauteur en millimètres
d'un personnage; et, en prenant comme hauteur
moyenne 1,60, on obtient la réduction de cette
image. Soient O l'objet, et i l'image obtenue. $\dfrac{O}{i}$ donnera le rapport de cette grandeur. Or p' (distance
de l'image à la lentille) est connu, ou peut toujours être mesuré. A l'aide de ces facteurs, nous
pouvons obtenir p, c'est-à-dire la distance de l'objet :

$$\frac{O}{i} = \frac{p}{p'} ; \qquad \text{or} \qquad \frac{O}{i} = G ;$$

mais :

$$G = \frac{p}{p'} ;$$

donc :

$$p = G \times p'.$$

Nous donnons (*fig.* 7) une épreuve d'un train
en marche, se déplaçant avec une vitesse de 80 ki-

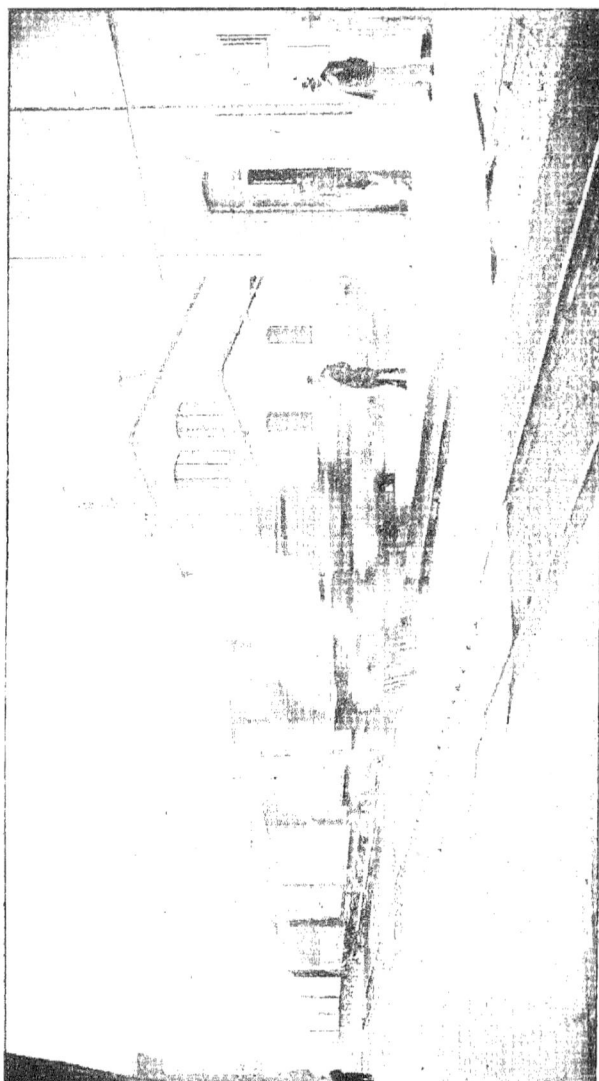

Fig. 7. — Train entrant en gare (mauvaise épreuve, montrant que l'obturateur n'avait pas assez de vitesse).

lomètres à l'heure. On remarquera que l'arrière du train est très net, tandis que la locomotive située au premier plan est floue. Cela tient à ce que l'obturateur employé n'a vait pas assez de vitesse. Cette épreuve indi que combien il importe de se rendre compte de l'éloignement et de la vitesse des sujets, pour éviter tous ces mécomptes.

Si nous représentons graphique- ment le schéma de cette opé ration, nous obtiendrons la figure 8. Pp indique la longueur du train au moment où la plaque a été décou- verte, et P'p', sa position lorsque l'obturateur s'est refermé. L'arrière s'était donc déplacé de P en P', et l'avant de p en p'. De l'endroit où était placé l'appareil photographique, le dépla- cement angulaire PP' se traduisait par la ligne NP', qui donnait un point dans l'appareil, tandis que le déplacement pp' donnait pN, et dans l'appa- reil un déplacement trop apparent, qui produisait le flou qu'on voit sur l'épreuve.

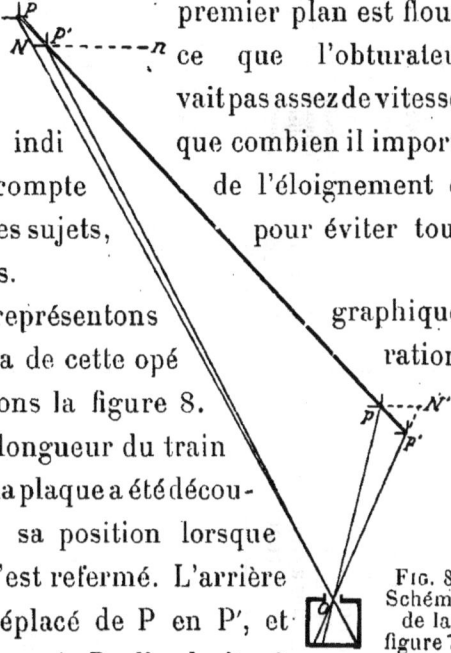

Fig. 8.
Schéma
de la
figure 7.

Tableau K. — Tableau récapitulatif des différents degrés d'instantanéité

DEGRÉS D'INSTANTANÉITÉ (EN FRACTIONS DE SECONDE)	NATURE du MOUVEMENT	SENS DU MOUVEMENT par rapport A L'AXE OPTIQUE	SUJETS répondant AU DEGRÉ INDIQUÉ	GRANDEUR MAXIMUM DE L'IMAGE un homme = 1m,65	OBSERVATIONS
1er degré.	En repos.	Néant.	Gestes de conversation.	$\frac{1}{60}$ = 2c6	1er degré (en plein soleil ou lumière diffuse). En mouvement sur place.
De 1/5 à 1/20. Moyenne = 1/15.	Au pas. Courant.	Parallèle ou oblique.	Homme au pas, à la nage. Navire au large. Feuilles agitées par le vent. Foule en repos.	$\frac{1}{150}$ = 1c	Impossible lorsque le déplacement est perpendiculaire à l'axe optique.
2e degré.	En repos.	Néant	Gestes de colère, lutte.	$\frac{1}{110}$ = 1c3	2e degré (plein soleil ou lumière diffuse). En mouvement sur place.
De 1/20 à 1/60. Moyenne = 1/40.	Au pas. Courant.	Parallèle ou oblique. Parallèle ou très peu oblique.	Tramways ou voitures. Vitesse modérée. Vol d'un insecte. Cheval au trot. Foule en mouvement	$\frac{1}{70}$ = 2c3 ; $\frac{1}{150}$ = 1c	Impossible, lorsque le déplacement est perpendiculaire à l'axe optique.
3e degré.	En repos.	Néant.	Néant.	Ne se fait pas.	3e degré (plein soleil seulement).
De 1/60 à 1/200. Moyenne = 1/130.	Au pas. Courant.	Parallèle ou oblique. Perpendiculaire. Parallèle ou très peu oblique.	Train omnibus. Tramways. Voitures. Vélocipédiste. Cheval au galop.	$\frac{1}{40}$ à $\frac{1}{60}$ = 4c à 2c7 ; $\frac{1}{60}$ à $\frac{1}{120}$ = 2c7 à 1c6 ; $\frac{1}{60}$ à $\frac{1}{100}$ = 2c7 à 1c7	

Pour terminer, nous donnons un résumé du tableau des différentes vitesses, en mètres par seconde, dressé par James Jackson.

Tableau L. — Tableau des différentes vitesses

NATURE DES MOBILES	VITESSE EN MÈTRES par seconde	
Un homme au pas, 4 kilomètres à l'heure.	$1^m,11$	
Un homme à la nage.................	1	12
Un homme au pas, 6 kilomètres à l'heure.	1	66
Tramways.........................	de 2 à 3	50
Rivière cours rapide.................	4	»
Navire, 9 nœuds à l'heure (9 × 1852 m.)	4	63
Course à pied.....................	$7^m,10$ à 5	77
Vent ordinaire.....................	5 à 6	»
Vélocipédiste (20 kilomètres à l'heure)..	6	»
Navire, 12 nœuds à l'heure (12× 1852 m.)	6	17
Vol d'une mouche ordinaire (*Musca domestica*)..........................	7	62
Vélocipédiste (30 kilomètres à l'heure)...	8	35
Gouttes de pluie....................	Environ 10	»
Cheval de course...................	12 à 14	»
Pierre lancée avec force.............	16	»
Train express (60 kilomètres à l'heure)..	16	67
Train rapide (75 — —)..	20	83
Train éclair (100 — —)..	27	77
Vol du pigeon voyageur..............	27	»
Vol du faucon.....................	28	»
Tempête	20 à 30	»
Vol de l'aigle.....................	31	»
Ouragan	40 à 45	»
Vol de l'hirondelle.................	67	»
Vol du martinet....................	88	90
Vitesse initiale d'une balle de fusil à vent (100 atmosphères).................	206	»
Vitesse initiale d'une balle du fusil Mauser.	425	»
— — — Gras ..	430	»
— — Lebel..	500	»
— d'un boulet de canon.....	500	»

CHAPITRE VII

L'OBTURATEUR

Pour la photographie instantanée, on le sait, un instrument est indispensable : l'obturateur. Ce n'est pas le cas ici de faire sa description, ce qui nous intéresse, c'est la façon de déterminer sa rapidité.

§ 1. — DÉTERMINATION DE LA VITESSE

Il y a d'abord un instrument spécial très simple, que nous allons décrire.

La plupart des méthodes destinées à déterminer le temps de pose effectif donné par un obturateur ou un éclair magnésique sont basées sur un même principe : photographier un objet en mouvement dont on connaît la vitesse et mesurer la traînée qu'il a laissée sur le cliché. Si, par exemple, on

4

photographie un diapason effectuant N vibrations
en une seconde, le temps de pose effectif T est :

$$T = \frac{n}{N},$$

n étant le nombre de vibrations comptées sur le
cliché, qui se sont produites pendant le fonctionnement de l'obturateur ou la durée de l'éclair.

Mais, pour que les diverses positions qu'il prend
en vibrant soient indiquées sur le cliché, il faut qu'il
se déplace. C'est le principe de l'ingénieux appareil nommé : photochronographe.

Ce photochronographe est basé sur le principe
de l'isochronisme des vibrations d'un ressort. Ce
ressort étant réglé de manière à exécuter un nombre
déterminé, soit 500 vibrations par seconde, si l'on
peut enregistrer ces vibrations sur une plaque sensible, il suffira de les compter pour connaître la
durée de la pose à laquelle la plaque a été soumise
pendant le fonctionnement de l'obturateur.

L'instrument se compose d'un disque vertical
pouvant recevoir un mouvement de rotation au-
tour d'un axe passant par son centre et portant,
sur sa face antérieure noircie, un ressort dont
l'extrémité libre, blanchie, peut être mise en

vibration par l'action d'un levier, soulevé au
moment voulu.

On place le photochronographe sur un appui
solide et on éclaire fortement sa face antérieure en
plein soleil, s'il est possible.

FIG. 9. — Photochronographe.

On imprime au disque un mouvement de rotation dans le sens indiqué par les flèches ; on appuie
un instant sur l'extrémité du levier pour mettre
le ressort du disque en vibration, et, immédiatement après, on déclenche l'obturateur.

On obtiendra sur le cliché développé une ligne
sinueuse se détachant sur le fond transparent du
disque.

On compte alors le nombre de branches ou con-
cavités de la courbe, et ce nombre exprimera en
500 centièmes de seconde la durée de la pose produite par l'obturateur en expérience.

Si cette courbe présente, par exemple, vingt branches, comme sur la figure 9, la durée de la pose aura été de :

$$\frac{20}{500} = \frac{1}{25} = 0^s,04,$$

c'est-à-dire 4 centièmes de seconde. La vitesse de rotation peut être quelconque, pourvu qu'elle ne soit pas telle que le disque fasse plus d'un tour pendant la durée de l'ouverture de l'obturateur. L'instrument est vendu tout réglé ; mais, afin que les personnes qui sont musiciennes puissent le vérifier elles-mêmes, nous allons indiquer le réglage.

On sait que dans le diapason normal donnant le *la*, effectuant 870 vibrations par seconde, la note *ut* correspond à 532 vibrations, et la note *si*^{2} à 493. On réglera le ressort en allongeant ou diminuant la longueur de sa partie vibrante jusqu'à ce que, en vibrant, il rende un son compris entre ces deux notes. Le nombre des vibrations qu'il effectuera par seconde sera alors très voisin de 500. Le maximum d'erreur aurait en effet lieu si on l'avait réglé sur la note *ut* et serait :

$$\frac{1}{500} - \frac{1}{532} = \frac{1}{8312} = 0^s,000119.$$

Si on le réglait sur la note si^2, l'erreur serait :

$$\frac{1}{493} - \frac{1}{500} = \frac{1}{35212} = 0^s,000028.$$

Ces différences sont donc inappréciables dans la pratique.

La vitesse de rotation du disque n'a aucun effet sur le nombre de vibrations effectuées par seconde par le ressort.

En étudiant le même obturateur plusieurs fois de suite en faisant varier la vitesse du disque, on trouvera chaque fois le même nombre de vibrations sur le cliché.

Pour ceux qui ne possèdent pas cet appareil, du reste, peu coûteux, il y a plusieurs moyens simples de déterminer la durée d'ouverture.

Un des lecteurs de *la Photo-Revue*, M. Dubost, a signalé un moyen très ingénieux de faire servir une bicyclette à la mesure du temps d'exposition fourni par un obturateur instantané.

Disons en quelques mots comment il faut procéder :

On dispose la bicyclette les roues en l'air en la plaçant sur le guidon et la selle, si l'on ne dispose pas d'un support *ad hoc*.

L'appareil étant braqué sur une roue, à une distance de quelques mètres, on attache à la jante un morceau de papier blanc, et l'on imprime à la roue un rapide mouvement de rotation.

La vitesse de ce mouvement diminue graduellement. Quand on a reconnu, en consultant une montre à secondes, que la roue fait soit un tour, soit deux tours à la seconde, on déclenche l'obturateur.

La traînée produite sur la plaque par l'image du papier blanc forme un arc de cercle dont il est facile de déterminer la mesure.

Supposons que le tour de roue se fasse en une seconde exactement, et que la traînée corresponde à un angle de 6°, on en concluera que l'obturateur est resté ouvert pendant 6/360, soit 1/60ᵉ de seconde.

Il faut remarquer que, lorsque l'obturation est produite par une lame unique, mobile suivant une direction rectiligne, comme c'est le cas pour la guillotine, la traînée peut être d'une étendue sensiblement variable avec le sens du mouvement du papier au moment de l'opération.

La traînée sera un peu plus courte si le papier se trouve au bas de sa courbe au moment du dé-

clenchement (le mouvement de la lame obtura-
trice allant à l'encontre de celui du mobile). Elle
sera, au contraire, un peu plus longue, si les deux
mouvements se font dans le même sens.

La correction se fera facilement en prenant la
moyenne de deux opérations contradictoires, ou
en s'arrangeant de façon à photographier le mobile
dans une position moyenne, le milieu de sa traînée se trouvant à peu près vers le haut ou vers le
bas de sa course.

Tous les amateurs pourront contrôler, par ce
moyen, simple et facile, la vitesse réelle de leur
obturateur ; ce renseignement leur sera, dans bien
des cas, d'une utilité réelle sur l'importance de
laquelle nous n'insistons pas.

M. Babin, capitaine d'artillerie, a imaginé aussi
un moyen très simple, et où la bicyclette n'est
pas indispensable. On photographie un personnage faisant tourner devant lui une corde au bout
de laquelle est attaché un poids et constituant
ainsi une fronde. On règle cette fronde de façon
qu'elle fasse un ou deux tours à la seconde et,
lorsque la périodicité est obtenue, ce qui est très
facile, on fait jouer le déclenchement de l'obturateur. Admettons que la fronde tournait à raison

de deux tours par seconde et que, sur le cliché
développé, nous ayons une traînée formant un
triangle.

Nous mesurerons à l'aide d'un rapporteur l'angle
formé, soit 24°. A l'aide d'un calcul très simple,
nous aurons le temps de pose de notre obturateur.

La fronde a décrit 720° en une seconde
($2 \times 360°$), et dans le temps d'ouverture de l'obturateur l'image a donné 24°.

Le rapport $\dfrac{24}{720}$ nous donnera la fraction de
temps, soit $\dfrac{1}{30}$ de seconde.

Personnellement, j'ai obtenu de bons résultats
en me servant d'un pendule de $0^m,99$ de long (bat-
tant la seconde). Je dispose au-dessous du poids
un arc de cercle divisé en 100 parties. Une fois le
pendule en mouvement, je fais jouer l'obturateur,
et sur la plaque j'ai le déplacement du poids. Si
ce dernier est très net, j'estime que la vitesse est
de $\dfrac{1}{100}$; si, au contraire, il y a une légère traînée,
les divisions indiquent l'espace parcouru, et
j'obtiens $\dfrac{n}{100}$ de division en une seconde. Ce moyen
est d'autant plus simple qu'il ne nécessite

aucun appareil ni aucun objet spécial et qu'il
est facilement applicable à tous les obturateurs
de commerce à *vitesse unique*.

Enfin, il existe une méthode due à M. Jubert,
très précise et qui peut être appliquée dans tous
les cas, sa réalisation n'offrant, en somme, pas de
grosses difficultés.

Dans un endroit bien éclairé, on dispose un
fond noir, soit au moyen d'un rideau, soit à l'aide
d'une couche de peinture appliquée contre un mur
ou une surface quelconque.

Sur ce fond, on applique une échelle de 3 mètres
de hauteur environ, graduée en centimètres.
On place l'appareil photographique à une distance
telle qu'on puisse avoir sur la surface dépolie la
totalité de l'échelle ; on met au point soigneusement, on charge l'appareil, et on arme l'obturateur. On se fait aider par une personne, et on la
prie de monter sur un siège et de tenir une boule
très brillante et très pesante, afin de combattre la
résistance de l'air, au sommet de l'échelle.

Au commandement de l'opérateur, la personne
lâche la boule ; on attend qu'elle ait parcouru
environ 1 mètre ; puis, on ouvre l'obturateur, qui
doit se refermer avant que la boule ait touché terre.

On a pris note de la division devant laquelle se trouvait la boule au moment du départ (dans l'hypothèse que ce n'était pas la division 0) ; on développe la plaque, on la fixe, puis on l'examine. *La boule a fait une traînée sur la plaque.*

En désignant par :

e, l'espace parcouru par la boule, depuis le commencement de la chute, jusqu'au commencement de la traînée ;

e', l'espace parcouru depuis le moment où la boule a été lâchée, jusqu'au moment où l'obturateur a été fermé, c'est-à-dire la fin de la traînée ;

t, le temps à parcourir l'espace e ;

t', le temps employé à parcourir l'espace e' ;

g, l'intensité de la pesanteur du lieu considéré.

On a :

$$T = t' - t = \sqrt{\frac{2}{g}(e' - e)}$$

la quantité $\dfrac{2}{g}$ est constante ; elle est de 0,203 pour Paris.

M. de la Baume-Pluvinel a construit la table suivante (Voy. p. 59), calculée à l'aide de cette formule qui donne tous les temps employés à parcourir les espaces de C^m,05 jusqu'à 1 mètre et 0^m,10 jusqu'à 3 mètres ; plus des nombres de correction à ajouter pour chaque espace de 1 centimètre.

Tableau M. — Table pour déterminer le temps de pose fourni par un obturateur

ESPACES PARCOURUS	TEMPS EMPLOYÉ à les parcourir	CORRECTION A AJOUTER pour 1 centimètre	ESPACES PARCOURUS	TEMPS EMPLOYÉ à les parcourir	CORRECTION A AJOUTER pour 1 centimètre
m.	s.	s.	m.	s.	s.
0,05	0,10097		1,10	0,47359	0,00220
0,10	0,14279	0,00836	1,20	0,49465	0,00211
0,15	0,17839	0,00622	1,30	0,51184	0,00202
0,20	0,20194	0,00561	1,40	0,53428	0,00194
0,25	0,22577	0,00477	1,50	0,55304	0,00188
0,30	0,24732	0,00431	1,60	0,57117	0,00181
0,35	0,26714	0,00396	1,70	0,58875	0,00176
0,40	0,28558	0,00369	1,80	0,60582	0,00170
0,45	0,30291	0,00347	1,90	0,62242	0,00166
0,50	0,31930	0,00328	2,00	0,63859	0,00162
0,55	0,33488	0,00312	2,10	0,65436	0,00158
0,60	0,34977	0,00298	2,20	0,66976	0,00154
0,65	0,36405	0,00286	2,30	0,68481	0,00150
0,70	0,37779	0,00275	2,40	0,69954	0,00147
0,75	0,39105	0,00265	2,50	0,71395	0,00144
0,80	0,40388	0,00257	2,60	0,72810	0,00141
0,85	0,41631	0,00249	2,70	0,74197	0,00139
0,90	0,42838	0,00241	2,80	0,75559	0,00136
0,95	0,44012	0,00235	2,90	0,76896	0,00134
1,00	0,45155	0,00229			

EXEMPLE. — Soit :

$$e = 77 \text{ centimètres}$$
$$e' = 1^m,32.$$

Quel sera le temps de pose (T) de l'obturateur ?

77 centimètres ne se trouvant pas dans la table, on prend le chiffre immédiatement au dessous : 75.

75 donne pour la valeur de t :

$$t = 0^s,39105$$

la différence de :

$$77 - 75 = 2 ;$$

la correction de 75 à 80 est de :

$$0^s,00257 \times 2 = 0^s,00514,$$

donc :

$$77 = t = 0^s,39619 ;$$

$1^m,32$ ne se trouve pas non plus sur la table, le chiffre inférieur est $1^m,30$, donc :

$$t' = 0^s,51484$$
$$1^m,32 - 1^m,30 = 2 ;$$

La correction de $1^m,30$ à $1^m,40$ est de :

$$0^s,00194 \times 2 = 0^s,00388 ;$$

donc :

$$1^m,32 = t' = 0^s,51872,$$

comme :

$$T = t' - t$$
$$T = 0^s,51872 - 0^s,39619 = 0^s,12253.$$

La vitesse de l'obturateur sera donc de 12 centièmes de seconde. On peut rendre l'expérience ci-
dessus plus exacte, en n'opérant que la nuit. Le
dispositif est le même. La boule, en plomb, sera
munie d'un fil de magnésium relié par un fil de
coton trempé dans de l'essence minérale et te-
nant le tout en suspension au sommet de l'échelle.
On apprête l'appareil photographique, on met le
feu au fil de coton, lequel se consume en enflam-
mant le magnésium et en détachant la boule. On
obtient ainsi sur les plaques une traînée lumineuse
très brillante.

§ 2. — Qualités et défauts des obturateurs

Ces procédés ne donnent pas des résultats rigou-
reusement scientifiques, car l'intensité lumineuse
n'est pas la même à tous les instants d'ouverture et
de fermeture de l'obturateur. Au commencement
et à la fin de la période, l'admission des rayons

lumineux étant extrêmement limitée, il est pro-
bable que l'intensité lumineuse est trop faible pour
agir énergiquement sur la plaque.

Pour avoir un obturateur parfait, il faudrait que
le *temps utile* de pose soit égal au *temps total* d'ouverture, ce qui est difficile, sinon impossible à
réaliser dans la pratique.

Ce qu'il faut chercher surtout, c'est à faire travailler le centre de l'objectif. On doit donc prendre
des obturateurs à grande ouverture et en même
temps à grande vitesse, afin que les instants d'ouverture et de fermeture, donnant nécessairement des
rayons atténués et, par suite, des images troubles et
mauvaises, soient compensés par la pleine ouverture et que son violent contraste détruise la mauvaise impression reçue par la surface sensible.

Un bon obturateur doit réunir les conditions
suivantes :

1° Temps de pose différents et bien caractérisés,
nécessités par la diversité des surfaces sensibles
employées, du déplacement du sujet, de la lumière,
de la quotité de l'objectif ;

2° Variations immédiates de vitesse, c'est-à-dire
pouvoir passer sur-le-champ d'une vitesse marquée.
préalablement à une autre plus ou moins grande,

le sujet à photographier pouvant changer d'allure pendant les préparatifs ;

3° Reproduction à volonté d'un temps de pose connu. En effet, si l'on sait que, pour photographier un cheval au trot, avec une plaque d'une certaine rapidité et un objectif titré, il faut un temps de n fractions de seconde, il est nécessaire de pouvoir à loisir disposer son obturateur, pour obtenir dans un autre moment le temps de pose identique ;

4° Enfin, il est utile que tous les mouvements soient simples et rapides, et que l'appareil ne soit pas compliqué comme mécanisme ; sans cela, les *desiderata* énoncés ci-dessus ne sauraient être remplis.

Avec les moyens que nous venons d'indiquer pour obtenir le temps d'ouverture d'un obturateur, et qui, pour la pratique, sont suffisamment exacts, les lecteurs pourront opérer à coup sûr, lorsqu'ils connaîtront la vitesse de déplacement du sujet.

On se sert souvent pour la photographie instantanée d'appareils automatiques à magasin, dits détectives ou jumelles. Il y en a plusieurs sortes : 1° les appareils à bon marché à foyer fixe : la vitesse n'est pas supérieure à $\frac{1}{40}$ de seconde ; 2° les appareils moyens, à vitesse variable de $\frac{1}{40}$ à $\frac{1}{80}$ de seconde; 3° enfin, les appareils perfectionnés avec objectifs de première qualité, obturateurs à vitesse différente, à foyer variable pouvant donner jusqu'à $\frac{1}{120}$ de seconde.

CHAPITRE VIII

ÉLÉMENTS OPTIQUES

Les éléments optiques réunissent les modifications subies par l'ouverture de l'objectif, dues aux diaphragmes ; les variations de la longueur focale et, enfin, la puissance photogénique de l'objectif proprement dit, soit trois éléments distincts à considérer :

1° Puissance photogénique de l'objectif ;

2° Modifications de l'ouverture par le diaphragme ;

3° Variations de la longueur focale.

Nous allons les étudier séparément.

§ 1. — Puissance photogénique de l'objectif

La puissance d'un objectif doit résulter de la nature des verres, du mode d'assemblage, de

l'épaisseur des lentilles ; il faudrait donc étudier
tous ces cas, mais hâtons-nous de dire que l'optique photographique a fait des progrès considé-
rables, et que dans la pratique on ne doit tenir
compte que de l'objectif complet.

La rapidité de l'objectif dépend de la rapidité
avec laquelle les lentilles qui forment cet objectif
sont capables de laisser passer les rayons lumineux
destinés à impressionner la surface sensible exposée.

Pour obtenir l'élément optique, *il faut diviser
le carré de la longueur focale de l'objectif par le
carré du diamètre de son ouverture*, c'est-à-dire en
appliquant la formule :

$$\pi = \frac{f^2}{\Delta^2} = \left(\frac{f}{\Delta}\right)^2$$

Si, par exemple, un objectif a 24 centimètres de
longueur focale et 80 millimètres d'ouverture,
nous obtiendrons, pour la puissance photogénique :

$$\pi = \frac{f^2}{\Delta^2} = \frac{24^2}{48^2} = \frac{576}{64} = 90$$

Lorsqu'on a plusieurs objectifs, on peut dresser
un petit tableau de leur puissance photogénique
en prenant la plus grande ouverture (celle du dia-

phragme, si celui-ci, comme il arrive souvent, est
monté sur l'objectif).

Voici un exemple de ce tableau : .

Tableau N. — Tableau de comparaison de plusieurs objectifs

NUMÉROS	DÉSIGNATION DES OBJECTIFS	MARQUE	LONGUEUR FOCALE	DIAMÈTRE de la plus grande ouverture	PUISSANCE PHOTOGÉNIQUE	
					Numé-rique	Propor-tionnelle
			mm.	mm.		
A	Rectilinéaire rapide n° 3.	Dallmeyer.	191	32	35	1
B	Série III, n° 5..........	Zeiss.	220	36	37	1,06
C	Triple achromatique n° 3.	Derogy.	279	44	40	1,15
D	Grand angle, n° 6	Hermagis.	280	37	56	1,70

C'est-à-dire que si, toutes choses égales d'ailleurs, on pose 1 avec l'objectif A, il faudra poser
1,06, 1,05, 1,70 avec les objectifs B, C, D.

§ 2. — MODIFICATIONS DE L'OUVERTURE
PAR LE DIAPHRAGME

Chaque numéro de diaphragme amène une modification de l'objectif, puisqu'il modifie l'admis-

sion du faisceau lumineux dans la chambre noire, en diminuant ou en augmentant cette ouverture. Il faut donc tenir compte dans le calcul du temps de pose de cette modification importante. Comment la déterminer ?

Rappelons que la *rapidité d'un objectif varie en raison inverse du carré de l'ouverture, ouverture exprimée en fonction de la longueur focale.*

Il est facile de comprendre que plus le diaphragme employé est petit, plus l'ouverture de l'objectif diminue et, par conséquent, plus le temps de pose doit augmenter.

Il s'agit donc de déterminer l'ouverture des différents diaphragmes en fonction du foyer. Pour le faire il faut :

1° *Diviser le carré et la longueur focale par le carré de chaque diamètre* (Δ) *du diaphragme et diviser ensuite chaque résultat par le plus petit quotient pour avoir l'unité de comparaison.*

Soit :

$$\pi = \frac{f^2}{\Delta^2} \, ;$$

ou *diviser la longueur focale par le diamètre du diaphragme, porter le quotient au carré et renverser les fractions et diviser par* 100.

Soit :

$$\pi = \left(\frac{f}{\Delta}\right)^2,$$

et comme :

$$\pi = \frac{f^2}{\Delta^2} = \left(\frac{f}{\Delta}\right)^2,$$

les deux procédés donnent des résultats identiques.

Voici un exemple pour la seconde manière :

Soit un objectif de 18 centimètres de longueur focale et cinq numéros de diaphragme ayant un diamètre d'ouverture (Δ) de :

No 1 : 18 millimètres
No 2 : 12   —
No 3 : 10   —
No 4 : 6   —
No 5 : 4   —

Nous exprimerons ces ouvertures en disant que le :

No 1 est le $\frac{1}{10}$ de longueur focale, ce qui s'écrit $\frac{f}{10}$

No 2   — $\frac{1}{15}$ —   — $\frac{f}{15}$

No 3   — $\frac{1}{18}$ —   — $\frac{f}{18}$

No 4   — $\frac{1}{30}$ —   — $\frac{f}{30}$

No 5   — $\frac{1}{45}$ —   — $\frac{f}{45}$

Comme nous avons dit que la rapidité variait en raison inverse du carré de l'ouverture, il nous faut porter ces nombres au carré.

Soit :

$$\frac{1}{100} \quad \frac{1}{225} \quad \frac{1}{324} \quad \frac{1}{900} \quad \frac{1}{2025}$$

Faisons disparaître le numérateur, le dénominateur nous donnera le coefficient des diaphragmes :

```
N° 1 = 100 en divisant pas 100 =  1
 — 2 = 225        —         =  2,25
 — 3 = 324        —         =  3,24
 — 4 = 900        —         =  9,00
 — 5 = 2025       —         = 20,25
```

Ce qui nous indique que, s'il faut poser 1 avec le diaphragme n° 1 (toutes choses égales d'ailleurs), il faudra poser 2,25 fois plus avec le n° 2, 3 fois plus avec le n° 3 ; 9 fois plus avec le n° 4 ; etc., etc.

3. — Variations de la longueur focale

Lorsque l'ouverture est constante et que la longueur focale varie, le temps de pose varie également ; plus la longueur focale augmentera, plus il faudra de temps pour avoir une image, ce qu'on exprime en disant:

Que les temps de pose sont proportionnels aux carrés des longueurs focales, la longueur focale absolue étant prise pour unité.

On désigne par longueur focale absolue celle obtenue avec l'objectif diaphragmé, avec la plus grande ouverture, le point étant à l'infini.

EXEMPLE. — Pour un objectif ayant 280 millimètres de longueur focale diaphragmé à $\frac{f}{10}$, le point étant à l'infini, le coefficient de pose sera 1.

Si l'objet se rapproche et qu'il faille avoir 380 millimètres de distance focale, le coefficient de pose sera de :

$$T = \left(\frac{f}{\Delta}\right)^2 = \left(\frac{380}{28}\right)^2 = 1,84,$$

si l'ouverture est restée égale.

Mais il arrive le plus souvent que la distance focale varie en même temps que l'ouverture de l'objectif. Il faut alors appliquer la règle suivante :

Le temps de pose variant comme le carré de la longueur focale, et inversement, comme le carré du diamètre de l'ouverture, il suffira de porter la distance focale au carré et diviser par le diamètre du diaphragme élevé au carré.

Soit :

$$\frac{f^2}{\Delta^2} = \left(\frac{f}{\Delta}\right)^2.$$

Dans le tableau O, qui évitera de faire les calculs, la valeur $\frac{f}{10}$ a été prise pour unité.

Si on a deux objectifs à comparer, ayant une *longueur focale différente* et des *ouvertures non semblables*, on divisera le carré de chacune des longueurs focales par le carré du plus grand diamètre des diaphragmes et on divisera le plus grand résultat par le plus petit.

Soient deux objectifs A et A′; en employant la formule de la page 66, nous obtiendrons :

$$A = \frac{f^2}{\Delta^2} \text{ ou } \left(\frac{f}{\Delta}\right)^2 = x \text{ et } A' = \left(\frac{f'^2}{\Delta'2}\right) = \left(\frac{f'}{\Delta'}\right)^2 = x';$$

$$\frac{x}{x'} = \frac{A}{A'} \text{ ou } \frac{x'}{x} = \frac{A'}{A}$$

EXEMPLE. — Soit à comparer la puissance de deux objectifs :

1° Un de 140 millimètres de distance focale et de 16 millimètres de diamètre ;

**Tableau O. — Coefficients de la variation de l'ouverture
de l'objectif**

Ouvertures	Coefficients de pose	Ouvertures	Coefficients de pose	Ouvertures	Coefficients de pose
$\frac{f}{3}$	0,09	$\frac{f}{18}$	3,24	$\frac{f}{36}$	12,96
$\frac{f}{4}$	0,16	$\frac{f}{19}$	3,61	$\frac{f}{38}$	14,44
$\frac{f}{5}$	0,25	$\frac{f}{20}$	4 . »	$\frac{f}{40}$	16 »
$\frac{f}{6}$	0,36	$\frac{f}{21}$	4,41	$\frac{f}{45}$	20,26
$\frac{f}{7}$	0,49	$\frac{f}{22}$	4,84	$\frac{f}{50}$	25 »
$\frac{f}{8}$	0,64	$\frac{f}{23}$	5,29	$\frac{f}{55}$	30,25
$\frac{f}{9}$	0,81	$\frac{f}{24}$	5,76	$\frac{f}{60}$	36 »
$\frac{f}{10}$	1 »	$\frac{f}{25}$	6,25	$\frac{f}{65}$	42,25
$\frac{f}{11}$	1,21	$\frac{f}{26}$	6,76	$\frac{f}{70}$	49 »
$\frac{f}{12}$	1,44	$\frac{f}{27}$	7,29	$\frac{f}{75}$	56,25
$\frac{f}{13}$	1,69	$\frac{f}{28}$	7,84	$\frac{f}{80}$	64 »
$\frac{f}{14}$	1,96	$\frac{f}{29}$	8,41	$\frac{f}{85}$	72,25
$\frac{f}{15}$	2,25	$\frac{f}{30}$	9 »	$\frac{f}{90}$	81 »
$\frac{f}{16}$	2,56	$\frac{f}{32}$	10,24	$\frac{f}{95}$	90,25
$\frac{f}{17}$	2,89	$\frac{f}{34}$	11,56	$\frac{f}{100}$	100 »

2° Un de 260 millimètres de distance focale et de 20 millimètres de diamètre.

En appliquant les formules ci-dessus, nous aurons :

$$A = \frac{140^2}{16^2} = \left(\frac{140}{16}\right)^2 = x = 76,56$$

$$A' = \frac{260^2}{20^2} = \left(\frac{260}{20}\right)^2 = x' = 169$$

$$\frac{x'}{x} = \frac{169}{76,56} = \frac{A'}{A} = 2,$$

c'est-à-dire qu'il faudra poser deux fois plus avec l'objectif A'.

Comme on le voit, en somme les méthodes pour déterminer les puissances des objectifs sont simples et facilement calculables.

Si les objectifs de longueur focale différente ont dans leur jeu de diaphragme une même ouverture, c'est cette ouverture qui doit servir de base pour obtenir les termes de comparaison.

CHAPITRE IX

ÉLÉMENTS CHIMIQUES

§ 1. — Nature de la surface sensible, sa rapidité

Les éléments chimiques sont à déterminer pour chaque opérateur.

Les plaques de commerce varient selon les marques ; souvent même une même sorte de plaques offre, suivant les saisons et les circonstances, des différences notables. Cependant il ne faut pas s'effrayer de ce qui précède. Dans la pratique, on peut négliger les différences d'une même sorte de plaques, leur rapidité augmentera ou diminuera de temps en temps, mais d'une si faible quantité qu'on peut négliger cette différence.

En général, les fabricants inscrivent, sur la boîte des plaques sensibles, le degré de rapidité mesuré au sensitomètre Warneck e.

Le n° 25 correspondant à la plus grande rapidité et donnant le coefficient 1, voici les différents numéros du sensitomètre, et leur valeur comme coefficients.

Tableau P. — Coefficients de pose du sensitomètre
Warnecke

NUMÉROS	COEFFICIENTS	NUMÉROS	COEFFICIENTS
25	1	17	10
24	1,3	16	13,3
23	1,8	15	17,8
22	2,4	14	23,7
21	3,2	13	31,6
20	4,2	12	42,2
19	5,6	11	56,2
18	7,5	10	75

Le sensitomètre Warnecke se compose d'un châssis anglais ordinaire muni de :

1° Deux plaques de verre placées l'une contre l'autre, contenant au milieu d'elles une surface phosphorescente, capable de garder quelque temps la lumière, à laquelle on peut l'exposer ;

2° D'un rideau en bois glissant dans une coulisse et situé immédiatement derrière la plaque phosphorescente ;

3° D'une échelle graduée transparente, formée

d'un morceau de verre, divisée en vingt-cinq petits
carrés numérotés. Le n° 1 est complètement transparent ; le n° 2 est moins transparent ; les numéros
suivants de plus en plus opaques, jusqu'au n° 25,
qui est presque entièrement opaque.

On fait absorber à la surface phosphorescente
toujours une même quantité de lumière, en se servant d'une source au magnésium bien dosée. On
charge l'appareil de la plaque à essayer, mise
contre l'échelle graduée, on lève le rideau, qui
sépare la source de lumière de la plaque graduée,
et pendant trente secondes on laisse l'impression
se produire. La lumière traverse donc l'échelle
avant d'atteindre la plaque sensible.

On développe la plaque dans un révélateur toujours de même puissance, et l'image obtenue
montre un certain nombre de numéros. Si, par
exemple, elle accuse le n° 11, c'est qu'elle est
lente ; si c'est le n° 20, elle est rapide ; et, si c'est
le n° 25, elle est dite extra-rapide.

On peut construire soi-même un étalon pour
déterminer la rapidité des plaques : on prend une
glace 13 × 18, et on coupe des bandes de 3 centimètres de large de papier dioptrique très transparent. On commence par coller ces morceaux

l'un à côté de l'autre, en laissant un espace en
blanc (1, *fig*. 10); puis, on les colle en travers par-
dessus les premiers, en laissant cette fois une
deuxième case; puis, une troisième opération
en laissant une troi-
sième case; une fois
les opérations termi-
nées, le n° 1 n'aura
pas de papier, et le
n° 20 aura 19 épais-
seurs. On numérotera
lisiblement les cases
de 1 à 20; puis, on re-
couvrira d'une plaque
de verre, et on main-
tiendra le tout au
moyen d'une bordure
en papier noir.

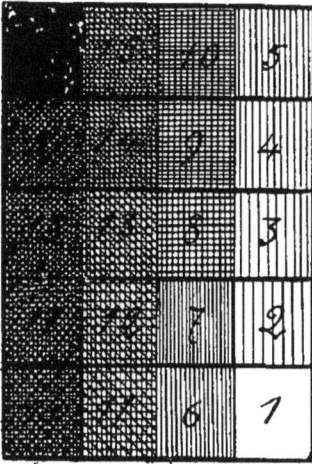

Fig. 10. — Étalon pour déterminer
la rapidité des plaques sensibles.

On aura ainsi une échelle graduée, donnant
vingt rapidités différentes. On tirera un bon négatif sur verre de cette échelle, on le lavera bien, on
l'alunera; puis, on passera une couche de vernis,
afin de le rendre inaltérable.

Lorsqu'on voudra examiner une surface sensible
pour déterminer sa rapidité, on la mettra en con-

tact avec le phototype-échelle, gélatine contre
gélatine, dans un châssis-presse, et on exposera
le tout à la lumière d'une bougie qu'on placera
toujours à la distance de 1 mètre ; on posera un
temps déterminé une fois pour toutes (soit 60 secondes ou plus), et on développera dans un révélateur dosé avec soin. Une fois la plaque fixée, on
lira le dernier numéro de l'échelle, qui indiquera
le degré de rapidité, le n° 20 étant l'extrême rapidité.

Cette échelle servira d'autant mieux qu'on aura,
par un travail spécial, établi une base en plusieurs
expériences consécutives, pour déterminer le degré
de rapidité. On pourra se servir d'une plaque
d'une maison comme Lumière ou Guilleminot par
exemple, portant le numéro du sensitomètre Warnecke, pour établir la base de la rapidité.

§ 2. — ORTHOCHROMATISME. — PERSISTANCE
DE L'IMAGE LATENTE

Nous avons vu plus haut (p. 28) que sur les
plaques ordinaires les objets colorés ne sont pas
rendus avec leur valeur propre ; en un mot, la
plaque photographique ne perçoit pas les nuances

comme notre œil. Certains fabricants produisent des plaques orthochromatiques sensibles pour certaines radiations.

MM. Lumière et Guilleminot livrent au commerce des plaques, les unes sensibles au jaune et au vert, les autres au jaune et au rouge.

Les premières, exposées sans écran, ne doivent pas poser plus longtemps sur les plaques *extra-rapides*.

Les secondes, employées aussi sans écran, sont comme les plaques *rapides*.

Lorsqu'on se sert d'un écran jaune, il faut prolonger la pose 15 *fois plus de temps*.

On a constaté aussi que les plaques au gélatino-bromure d'argent subissaient après leur fabrication des variations très sensibles. Elles semblent gagner en sensibilité au bout de quelques semaines de fabrication ; puis cette sensibilité décroît en partant des bords vers le centre. Or plus la rapidité d'une plaque est grande, moins longue est sa durée de sensibilité. Il est donc prudent, si on part en voyage pour un certain laps de temps, de ne prendre que des plaques de rapidité moyenne.

Lorsque la plaque est impressionnée, l'image latente s'affaiblit aussi au bout de quelque temps

et toujours en proportion directe avec le degré de
sensibilité de la surface gélatinée et avec la durée
d'exposition. Les instantanés gagnent donc à être
développés le plus rapidement possible.

Néanmoins, ces considérations plutôt théoriques
que pratiques ne se présentent pas souvent à l'amateur, et il suffit de lui signaler sans insister, pour
qu'il soit mis en garde contre ces défauts des
plaques sèches.

§ 3. — SUR-EXPOSITION ET SOUS-EXPOSITION

M. Janssen a reconnu que l'action de la lumière
sur les surfaces photographiques cessait d'être
proportionnelle, au-delà d'une certaine limite.

Si l'on expose une plaque par bandes succes-
sives, en donnant la même pose pour chaque fraction, on verra qu'à partir d'une certaine limite la
sur-exposition ne produit pas une réduction plus
intense de la couche argentifère. Bien plus, cette
action irait en s'affaiblissant tellement qu'une sur-
exposition prolongée ne produirait plus rien sur
la plaque.

De ce qui précède on peut inférer que l'on

peut prolonger la pose chaque fois que l'on a à photographier des objets présentant de grands contrastes ou des oppositions tranchées.

Par contre, lorsqu'il se présentera des sujets trop uniformes, il sera utile de faire une sous-exposition, afin d'éviter les différences d'intensité.

Dans le premier cas, il sera utile d'employer des plaques lentes, dans le second des plaques rapides.

Il faudra donc déterminer d'une façon judicieuse le cas à appliquer, toutes choses étant égales d'ailleurs.

CHAPITRE X

ÉNERGIE DU DÉVELOPPATEUR

Suivant sa composition, sa durée d'action et sa température, le révélateur agit différemment.

Il y a donc lieu de bien connaître la valeur de l'agent employé comme révélateur et surtout de savoir s'en servir. Il est utile surtout de savoir quelles ont été les circonstances de la pose, toutes choses devant être prises en note, au moment de l'obtention du négatif.

Ce n'est pas, dans cet ouvrage, le lieu d'étudier les différents révélateurs livrés par le commerce ; ce qu'il nous faut étudier, c'est la marche du révélateur, quel qu'il soit, selon le négatif à obtenir. M. A. Londe a dressé un tableau fort bien raisonné que nous donnons ci-après :

Tableau Q. — Variations à apporter au développement suivant la nature du sujet

NATURE de L'OBJET	TEMPS DE POSE	MODIFICATION du DÉVELOPPEMENT	CONDUITE du DÉVELOPPEMENT	RÉSULTAT CHERCHÉ
I. Sujet normal (pas d'opposition).	Normal très légère sur-exposition.	Bain normal.	Retardateur d'autant plus que la pose a été longue. Développement lent. Chercher les détails, puis l'intensité.	Reproduire le sujet tel qu'il se présente.
II. Sujet à oppositions.	Exagérer la pose (d'autant plus qu'il y a plus d'oppositions).	Bain dilué (augmentation de la quantité d'eau).	Peu ou pas de retardateurs. Développement très lent. Chercher les détails, puis l'intensité.	Éviter les contrastes trop accentués du modèle.
III. Sujet monotone sans opposition.	Diminuer la pose.	Bain concentré (diminution de la quantité d'eau).	Augmenter le retardateur. Développement plus rapide. Pousser à l'intensité, puis aux détails.	Donner de la valeur et des contrastes.
IV. Sujet instantané.	Suivant la vitesse du sujet.	Bain concentré.	Développement rapide. Chercher les détails, puis l'intensité.	Cliché avec détails et intensité suffisants.

Enfin, le même auteur a groupé dans un second tableau les plaques qu'il est préférable d'employer suivant les cas et les sujets, le temps de pose et la conduite du développateur, estimant que tous les réducteurs conduisent, à peu de chose près, au même résultat.

Tableau R. — Variations à apporter au développement suivant le résultat cherché

RÉSULTAT CHERCHÉ	NATURE DES PLAQUES — Temps de pose	MODIFICATIONS du DÉVELOPPEMENT	CONDUITE DU DÉVELOPPEMENT
Cliché à oppositions.	Plaques lentes. Pose courte.	Bain concentré.	Retardateur. Développement rapide. Chercher l'intensité, puis les détails.
Cliché doux.	Plaques rapides. Pose longue.	Bain dilué.	Pas de retardateur. Développement lent. Chercher les détails, puis l'intensité.

CHAPITRE XI

DÉTERMINATION DE L'UNITÉ DE POSE

Lorsque l'amateur photographe ne possède pas de renseignements sur l'appareil qu'il s'est procuré, il est indispensable qu'il détermine les éléments de son ou de ses objectifs, de ses diaphragmes et de l'obturateur, et qu'il consigne ces données dans un petit tableau dressé comme suit:

Pour déterminer la distance hyperfocale Y de l'objectif, on appliquera la formule :

$$J (1 + 5\Delta);$$

Δ représentant le diamètre du plus grand diaphragme[1].

Pour l'objectif, on doit rechercher l'unité de

[1] Voy. *Traité élémen'aire d'Optique photographique*, par G. BRUNEL (Ch. Mendel, éditeur).

pose. Il y a pour cela différents moyens ; nous allons indiquer les principaux :

1° Après avoir mis au point sur une vue caractérisée, un rideau d'arbres, un monument, avec beaucoup de détails et de contrastes, en employant le plus grand diaphragme, on posera *au jugé* le temps qu'on croira nécessaire pour avoir un bon négatif. On notera avec une montre à secondes le temps bien exact de pose. Le phototype développé, on examinera avec soin les détails, et, si ces derniers ne sont pas bien venus, on recommencera en prolongeant la pose et jusqu'à ce qu'on ait obtenu un négatif parfait. On doit employer pour cette détermination des plaques de rapidité moyenne. On se reportera au tableau C, au jour, à l'heure et à l'état du ciel ; on divisera le coefficient indiqué par le nombre de secondes qu'on a dû poser ; on aura donc le coefficient de pose pour le jour même, on ramènera ensuite ce coefficient au 21 juin. C'est ce qu'on appelle la méthode par tâtonnements.

EXEMPLE. — Nous avons opéré le 15 septembre, par un ciel clair sans soleil, à 3 heures de l'après-midi ; avec le plus grand diaphragme, et au bout de plusieurs essais, nous avons obtenu un néga-

Numéros de l'objectif	MARQUE	LONGUEUR focale	Distance hyperfocale	ÉLÉMENT OPTIQUE		UNITÉ DE POSE	VARIATION DE L'OUVERTURE DIAPHRAGME				OBSERVATIONS
				Numérique	Proportionnel		Numéros	Diamètre	En fonct. de f	Rapport de rapidité	
A	Dallmeyer rectilinéaire n°3.	191^{m}/m 20^{m},75		35	1	0,02	1	32	$\frac{f}{6}$	1	
							2	19	$\frac{f}{10}$	3	
							3	16	$\frac{f}{12}$	4	
							4	10	$\frac{f}{20}$	11	
							5	7	$\frac{f}{28}$	12	
B	Hermagis grand angle n°6.	280	39^{m},50	56	1,70	0,012	1	28	$\frac{f}{10}$	1	
							2	15	$\frac{f}{18}$	3,24	
							3	8	$\frac{f}{35}$	12	

tif parfait en 105 secondes. Comment déterminer maintenant l'unité de pose?

Le tableau C donne, pour le 15 septembre, à 3 heures de l'après-midi, le chiffre 1,7 ; comme le ciel était clair sans soleil (lumière diffuse), nous multiplierons par 4, soit : $1,7 \times 4 = 6,80$, ou 7 en chiffres ronds ; le rapport $\frac{105}{7}$ nous donne l'unité de pose pour le 15 septembre : $= 15$, et pour le 21 juin : $\frac{15}{1,7} = 8$.

Reportons-nous au tableau G, et nous voyons que le coefficient pour des vues avec plans accentués est 4 ; divisons 8 par 4, et nous obtenons 2.

Comme nous avons opéré une plaque de sensibilité moyenne n° 19/18 du sensitomètre Warnecke (voy. tableau P, p. 76), et que nous devons ramener le coefficient pour une plaque rapide, soit 23/24 du sensitomètre, nous obtiendrons :

$$\frac{2 \times 1,5}{6,5} = 0^s,5$$

pour l'unité de pose absolue.

2° M. Clément conseille de prendre une vue panoramique, sans premiers plans, éclairée par le

soleil, c'est-à-dire un sujet demandant un minimum
de pose ; la vue panoramique représentant l'unité
de pose. On procède comme il est expliqué pour
l'exemple ci-dessus. On fait plusieurs plaques à
pleine ouverture, en prolongeant à chaque fois la
pose. Les plaques développées avec un révélateur
de même force, on examinera celle donnant le plus
de détails ; le temps de pose de cette plaque donnera l'unité de pose.

3° Enfin, il y a une troisième méthode plus
rapide. On choisit un sujet, comme dans le premier cas, on prend une plaque lente, et on lève le
rideau du châssis par parties, de façon à ne démas-
quer chaque fois qu'un quart ou qu'un cinquième
de la plaque. On aura donc, l'opération terminée,
4 ou 5 bandes ayant posé de 1 à 4 ou 5. La zone qui
donnera le meilleur résultat indiquera l'*unité de
pose*.

Cette *unité de pose*, établie, servira de base pour
obtenir le *coefficient de l'appareil* pour le 21 juin,
à midi, en plein soleil.

Reprenons le premier exemple : le résultat des
opérations nous indique le chiffre 0,5 comme mise
de pose avec une plaque rapide ; c'est donc ce
chiffre qui est le coefficient de l'objectif.

Notre objectif a 220 millimètres de distance focale.

Il a un diaphragme à 5 ouvertures ayant comme diamètres : 18, 15, 12, 8, 4 millimètres.

Déterminons, à l'aide de ces chiffres, les valeurs des coefficients :

1° La puissance photogénique de l'objectif ;

Nous avons la formule (p. 65), 18 millimètres la plus grande ouverture du diaphragme, représentant l'ouverture maximum de l'objectif :

$$P = \left(\frac{f}{\Delta}\right) = \left(\frac{220}{18}\right)^2 = 149 \; ;$$

2° La valeur des diaphragmes nous donnera :

$N^o 1$	$N^o 2$	$N^o 3$	$N^o 4$	$N^o 5$		$N^o 1$	$N^o 2$	$N^o 3$	$N^o 4$	$N^o 5$
$\frac{220}{18}$	$\frac{220}{15}$	$\frac{220}{12}$	$\frac{220}{8}$	$\frac{220}{4}$	$=$	$\frac{f}{12,2}$	$\frac{f}{14,6}$	$\frac{f}{18,3}$	$\frac{f}{27,5}$	$\frac{f}{55}$

En élevant au carré, on obtient :

Pour les N°s 1	2	3	4	5
$\frac{f}{149}$	$\frac{f}{213}$	$\frac{f}{335}$	$\frac{f}{756}$	$\frac{f}{3025}$

Et, une fois les réductions opérées,

1	1,4	2,3	5	20

A l'aide des tableaux précédents, et une fois

l'unité de pose absolue déterminée, pour faciliter les
opérations, on pourra dresser un tableau suivant
les sujets, pour chaque objectif, avec le temps de
pose absolu, exprimé en secondes. C'est une série
d'opérations un peu longues, qu'on pourra faire
pendant les soirées d'hiver, mais qui rendront de
grands services, lorsque le beau temps permettra
de se livrer à nouveau au plaisir de la photographie.

TABLE DES MATIÈRES

CHAPITRE I

CHAPITRE II

Éléments naturels ou physiques

CHAPITRE III

La lumière du jour à l'intérieur

CHAPITRE IV

Lumière artificielle

CHAPITRE V

Éclairement du sujet

CHAPITRE VI

Position du sujet

CHAPITRE VII

L'obturateur

CHAPITRE VIII

Éléments optiques

CHAPITRE IX

Éléments chimiques

CHAPITRE X

Énergie du développateur

CHAPITRE XI

Tours. — Imp. Deslis Frères, 6, rue Gambetta.

Produits Spéciaux

DE

M.-P. MERCIER

Nous engageons nos *lecteurs*, qui désirent avant tout FAIRE BIEN,
à utiliser les produits de M. Mercier, qui sont excellents et que l'on trouve partout.

RÉVÉLATEURS INALTÉRABLES

PARFAIT RÉVÉLATEUR, à l'*Hydroquinone* et à l'*Eosine*, *privé d'alcali*. Agit plus lentement, mais tout aussi puissant que le Fluoréal, et presque automatique. — *Le temps de pose n'a pas besoin d'être absolument exact* : les clichés sont à la fois très vigoureux et très transparents; la réussite est certaine et les épreuves sont toujours **TRÈS BELLES**. — Prix : **4 fr.** la dose pour 1 litre ; **2 fr. 50** pour 1/2 litre.

FLUORÉAL, au *Sulfite* anhydre, à la *Lithine* et à la *Fluorescéine*. Développateur rapide extrêmement puissant, donnant des clichés à la fois très fouillés et très vigoureux. — L'image apparaît en 20 à 40 secondes. On peut suivre le développement dans toutes ses phases. C'est le plus sûr des révélateurs rapides. Dose pour 1/2 litre : **2 fr. 50**; pour 1 litre : **4 fr.**

GRAPHOL à l'*Iconogène*. Révélateur *Simple*, *Une seule poudre* inaltérable dans une seule boîte : il suffit de faire dissoudre la quantité que l'on désire. — Intermédiaire, comme rapidité, entre le Fluoréal et le Parfait Révélateur. — Donne des clichés doux extrêmement fouillés. — Spécialement recommandé aux touristes. Boîte pour 1/2 litre : **2 fr.**; pour 1 litre : **3 fr. 50**:

VIRAGES

PHOSPHATE D'OR, *neutre*. Il suffit de le faire dissoudre, sans y ajouter aucun sel, pour obtenir le bain de virage normal neutre. — Vire tous les papiers, même le papier aristotypique. — Donne tous les tons, du pourpre aux plus riches *violets-noirs*. Très économique. Dose de 5 grammes : **2 fr. 75** ; 30 grammes : **15 fr.**

VIRAGE AU PLATINE. — Virage *inaltérable* servant jusqu'à épuisement. — Donne facilement les tons pourprés et vire jusqu'au *noir de gravure*. — Le plus beau et le meilleur virage pour l'aristotypie. — Dose pour 1 litre : **4 fr.**

FIXATEURS

MÉSOL. — *Virage-Fixateur neutre et complet*, en poudre. Sert avec tous les papiers, donne les tons les plus riches et assure à l'image une excellente conservation. Prix : **4 fr.** le litre ; **2 fr. 50** le 1/2 litre.

FIXE-CLICHÉS. — Fixateur remarquable à l'*hyposulfite anhydre aluné*, durcissant le cliché, éclaircissant l'image et donnant des clichés purs même sans lavage de ceux-ci en les sortant du révélateur. — Prix : **1 fr. 50** la dose pour 1 litre.

Une notice détaillée accompagne chaque produit

Exiger les mots Laboratoire et Fabrique à Juvisy-sur-Orge (Seine-et-Oise)

SOCIÉTÉ ANONYME

DES

PLAQUES ET PAPIERS PHOTOGRAPHIQUES

A. LUMIÈRE & SES FILS

Capital : 3.000.000

Usines à vapeur à **LYON-MONPLAISIR**

Plaques sèches au Gélatino-Bromure d'Argent

PRIX (*la douzaine*)

6×8	6×9	$6^1/_2 \times 9$	$6^1/_2 \times 10$	8×8	8×9	8×10
1 fr. 25	**1 fr. 25**	**1 fr. 25**	**1 fr. 50**	**1 fr. 75**	**1 fr. 75**	**2 fr.**
$8^2 \times 10^7$	$8 \times 15^1/_2$	$8^1/_2 \times 17$	9×12	9×18	11×15	12×16
2 fr.	**3 fr. 25**	**3 fr. 60**	**2 fr. 75**	**4 fr.**	**4 fr.**	**4 fr. 20**
$12 \times 16^1/_2$	13×18	12×20	15×21	15×22	18×24	21×27
4 fr. 30	**4 fr. 50**	**5 fr.**	**6 fr 75**	**7 fr.**	**10 fr.**	**14 fr.**
24×30	27×33	30×40	35×45	40×50	45×55	50×60
18 fr.	**22 fr.**	**32 fr.**	**43 fr.**	**55 fr.**	**66 fr.**	**80 fr.**

*Pour les plaques spéciales en verre extra-mince, les prix ci-dessus
sont majorés de 50 %.*

PLAQUES SÈCHES ORTOCHROMATIQUES
Au Gélatino-Bromure d'Argent

SÉRIE **A**	SÉRIE **B**
Plaques sensibles au jaune et au vert.	Plaques sensibles au jaune et au rouge.

PLAQUES SÈCHES PANCHROMATIQUES
Au Gélatino-Bromure d'Argent
Sensibles au rouge, au jaune et au vert

Papiers au Citrate d'Argent	Papiers par Développement.
PAPIER MAT ET PAPIER BRILLANT	AU GÉLATINO-BROMURE D'ARGENT
Pour l'Obtention d'épreuves positives par Noircissement direct	
	Marque **A.** — Pour l'Obtention des Positives au Châssis-Presse.
PAPIERS PELLICULAIRES	Marque **B.** — Pour Agrandissements.
Préparés d'après les procédés BALAGNY	Marque **C.** — A surface brillante.

DÉVELOPPATEURS :

DIAMIDOPHÉNOL	PARAMIDOPHÉNOL	SULFITES DE SOUDE Anhydre et Cristallisé

CINÉMATOGRAPHE
De MM. Auguste et Louis LUMIÈRE
CONDITIONS DE VENTE DES APPAREILS ET ACCESSOIRES, SUR DEMANDE

J. DECOUDUN 101, faubourg Saint-Denis, 101
PARIS

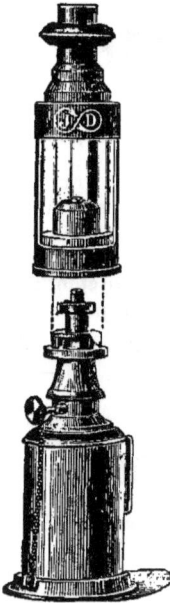

Eclairage des Laboratoires

CHEMINÉE PHOTO – BICOLORE

S'ADAPTANT AUX LAMPES A ESSENCE

Cet appareil renferme une cheminée en verre jaune, entourée d'une coquille en verre vert sur sa moitié et rouge sur l'autre.

Avec la cheminée photo-bicolore, la surface éclairée est grande. La flamme est fixe, elle se règle de l'extérieur. Aucune fumée ni odeur.

La cheminée photo-bicolore et son support, se livrent avec ou sans lampe

N° 20. Cheminée photo-bicolore, seule 5 fr. 75. ajouter 0 fr. 75 pour province.

N° 21. Cheminée et lampe Pigeon, nickelée, 8 fr. 75, ajouter 1 fr. 40 pour province.

LANTERNE DE VOYAGE
A LA PARAFFINE

Toujours prête à fonctionner. Durée d'éclairage illimitée. Elle s'alimente avec des tablettes de paraffine introduites dans la lanterne sans avoir besoin de l'ouvrir.

Lanternes (avec instruction)....... **10 fr.** »
Tablettes de paraffine :
    Pour 100 heures d'éclairage.... **1 fr. 85**
    Pour 50 — — .... **1** — »

Emballage et transport: Province, **1 — 40**
Etranger, **1** *fr.* **85.** *— Par colis postaux.*

J. DECOUDUN 101, faubourg Saint-Denis, 101
PARIS

PHOTOMÈTRE MIXTE

Pour appareils instantanés
ou se montant au besoin sur pied pour la pose

Ce photomètre indique au simple visé du sujet à photographier, s'il est possible d'opérer instantanément et de diaphragmer ; il donne également le temps de pose en secondes, pour le cas où la lumière étant insuffisante on opère avec la pose sur pied.

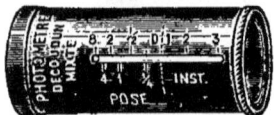

Prix du photomètre avec instruction. PARIS..... **8 fr. 50**
Province et Étranger................. **9 — »**

LOUPE-PHOTOMÉTRIQUE

Pour appareils sur pieds et munis d'un verre dépoli

Cet instrument est une loupe de mise au point dans l'intérieur de laquelle se trouve un photomètre, il donne donc en même temps la mise au point et le temps de pose avec tous les appareils sur pied.

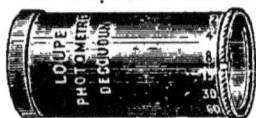

Prix du photomètre avec instruction. PARIS .... **10 fr. 75**
Province et Étranger................. **11 — 25**

Les photomètres sont avec enveloppe inoxidable en maillechort blanc, représentés ci-dessus en demi-grandeur.

Ils donnent directement la valeur de la lumière et temps de pose, sans avoir à s'occuper de la nature du sujet, ni des saisons ni de l'état du ciel.

Expéditions par la poste, au reçu d'un mandat-poste
des prix ci-dessus

SE TROUVE DANS LES PRINCIPALES MAISONS D'ARTICLES PHOTOGRAPHIQUES

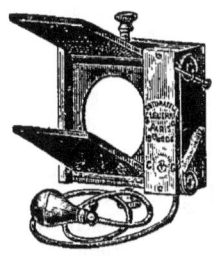

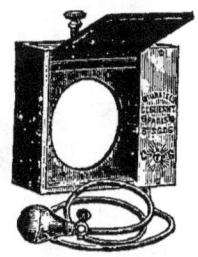

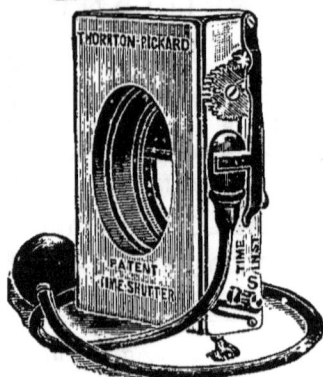

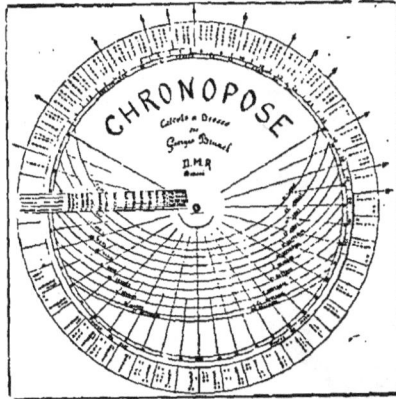

L'EXCELSIOR

Nouvel Obturateur Breveté S. G. D. G., en France et à l'Étranger

SYSTÈME MATTIOLI·

Cet obturateur, construit en aluminium, ne pèse que 100 grammes; son volume, réduit au strict nécessaire, donne tous les avantages que l'on peut désirer.

Le mécanisme est visible, tout en se trouvant protégé de la poussière et des accidents par une vitre incassable.

Un système de serrage inédit et fort ingénieux permet de l'adapter très fortement sur l'objectif et donne à l'ensemble une rigidité qu'aucun autre système ne permet d'obtenir.

Ces divers avantages en font certainement le plus intéressant de tous les modèles connus.

Prix : 20 Francs

EN VENTE CHEZ TOUS LES BONS FOURNISSEURS

Le plus pratique des Papiers Photographiques

VELOX

500 FOIS PLUS RAPIDE QUE LES PAPIERS ALBUMINÉS

AGENT GÉNÉRAL POUR LA FRANCE :

Emmanuel CHÊNEAU, 8, RUE MARTEL, PARIS

En Vente dans toutes les bonnes Maisons

DE

PRODUITS PHOTOGRAPHIQUES

COMPTOIR D'ÉDITION DE Ch. MENDEL
118 et 118 *bis*, Rue d'Assas, PARIS

9e ANNÉE — 9e ANNÉE

LA

Photo-Revue

JOURNAL ILLUSTRÉ

DES PHOTOGRAPHES & DES AMATEURS

UN FRANC PAR AN

C'est dans le but de donner satisfaction aux personnes qui désirent un journal *exclusivement photographique* que nous avons été amené à créer la **PHOTO-REVUE** qui va entrer dans sa 9e année d'existence. Nous pouvons, sans crainte d'être démenti, affirmer que nous en avons fait *le plus documenté, le mieux renseigné, le plus complet*, en même temps que le **meilleur marché des journaux photographiques**.

Il tient les amateurs *au courant des nouveautés*, leur fait *la critique*, consciencieuse et désintéressée des appareils et des procédés les plus récents, il leur donne tous les *renseignements utiles*, tous les *conseils pratiques, tours de main, dosages, formules, etc.*, soit sous forme d'articles de fond, soit par la voie de la *Boîte aux lettres*, soit enfin par *Correspondance particulière*, quand la question posée n'offre pas un caractère d'intérêt général.

Des concours sont proposés, stimulant l'émulation des abonnés et des lecteurs; des **primes en espèces**, en articles photographiques, en volumes, sont offertes aux gagnants.

L'abonné à **un franc**, l'acheteur d'un **Numéro de 10 centimes**, peuvent ainsi gagner des prix dont la valeur peut s'élever à 100 francs et plus.

Chaque numéro contient de 16 à 32 pages de texte et une couverture de couleur, des *Offres et Demandes*, une *Boîte aux lettres*, une *Revue des nouveautés*, une *Bibliographie*, etc.

COMPTOIR D'ÉDITION DE Cʜ. MENDEL
118 et 118 *bis*, Rue d'Assas, PARIS

Le numéro 25 centimes

11ᵉ Année	1897	11ᵉ Année

LA

SCIENCE EN FAMILLE

Revue illustrée de vulgarisation scientifique

Publication couronnée par la Société d'Encouragement au bien

MÉDAILLE D'HONNEUR

Et honorée de la souscription du Ministère de l'Instruction publique
de plusieurs gouvernements.

Publiée sous la direction de Charles MENDEL ✠ ♛

ABONNEMENTS :

Un an, France : **6** *fr.* — *Union postale* : **8** *fr.*

Cette publication se recommande à toutes les personnes qui recherchent les
distractions intelligentes. Elle s'occupe presque exclusivement de *science
pratique, de travaux d'amateurs* et de *récréations*. Chacun de ses numéros contient, en outre, un ou plusieurs articles sur la *Photographie d'amateur*.

LA COLLECTION COMPLÈTE DES DIX PREMIÈRES ANNÉES

ᶠᴼᴿᴹᴬᴺᵀ

DIX MAGNIFIQUES VOLUMES

de BIBLIOTHÈQUE, format grand in-8° jésus, illustrés de NOMBREUSES
GRAVURES et imprimés sur beau papier teinté, constituant une véritable
ENCYCLOPÉDIE DE L'AMATEUR, est vendue

SOIXANTE FRANCS

Payable **six francs par trimestre** ou au comptant
avec 10 0/0 d'escompte

Chaque volume est vendu séparément .... **6** fr.

Tours. — Imprimerie Deslis Frères.